口絵１　スジグロカバマダラ(上)、カバマダラ(中)、ツマグロヒョウモン
これらの種類は擬態の関係にあるが、模様がそっくりというわけではない
この不完全さがもたらされている理由とは何か

口絵2　アオモンイトトンボ
進化は適応と制約のバランスで決まっている（写真：高橋佑磨博士）

口絵3　ウラナミジャノメ
全国的な希少種。地域によって成虫の出現時期が異なっている

口絵4　ナミテントウ
さまざまなアブラムシを食べるジェネラリスト

口絵5　クリサキテントウ
マツ類のアブラムシだけを食べるスペシャリスト

口絵６　エゾミドリシジミ(左上)、フジミドリシジミ(右上)、アイノミドリシジミ(左中)、メスアカミドリシジミ(右中)、ハヤシミドリシジミ(左下)、キリシマミドリシジミ(右下)
これらゼフィルスの仲間では種類によって幼虫の食べる植物が異なるが、その理由は従来の「昆虫と植物の共進化」という枠組みでは説明できない
(写真:戸苅淳氏)

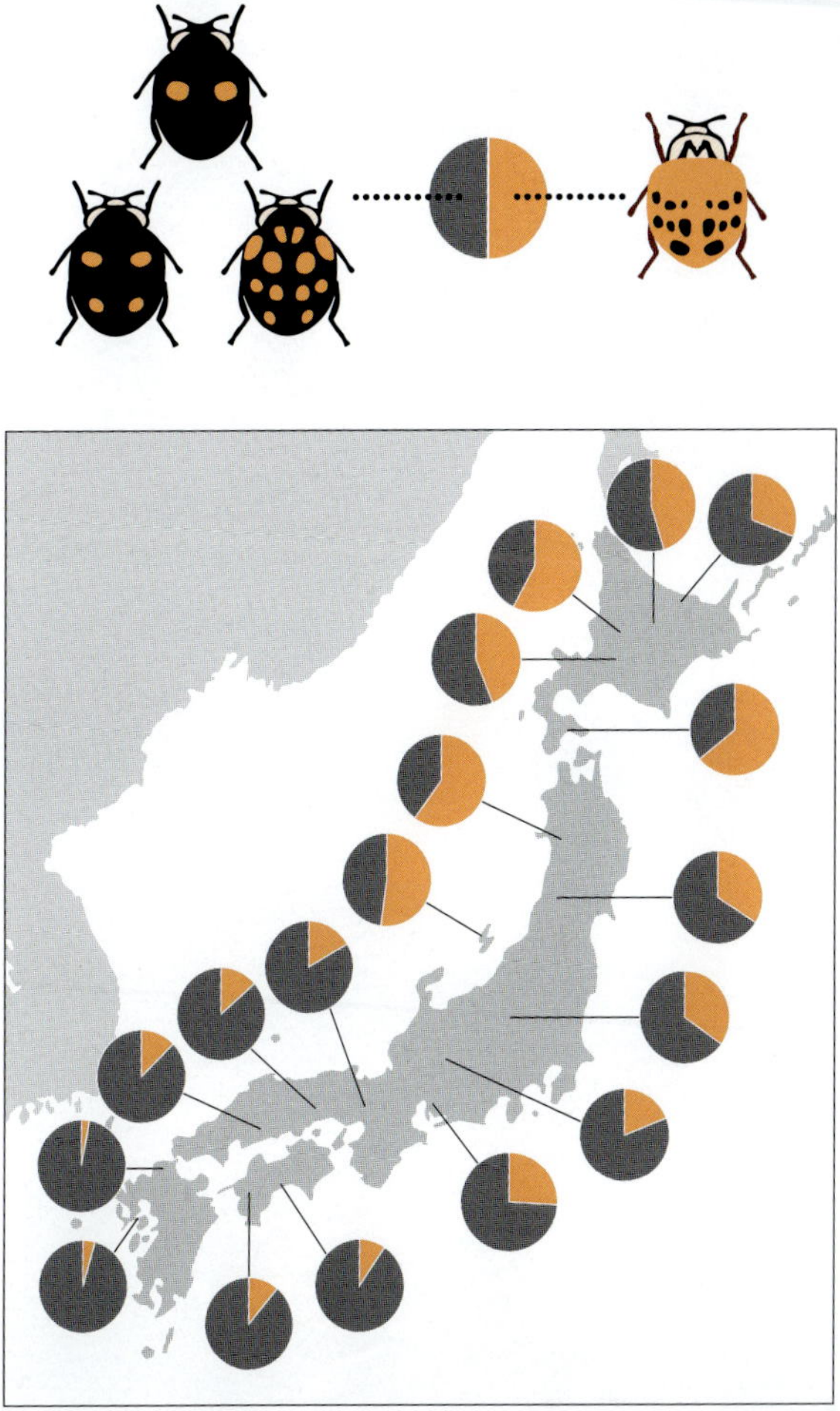

口絵7　日本各所におけるナミテントウの斑紋パターン
南に行くにつれて、地色の黒いタイプの割合が増えて、
地色の赤いタイプの割合が減っていく。このパターンが、
クリサキテントウが発見されるきっかけとなった

口絵8　アオオビハエトリ
アリを狙って食べるクモ
（写真：馬場友希博士）

口絵9　アリグモ
アリに擬態しているクモ。アリを狙って食べるクモが現れたとき、アリグモは攻撃を受けることになるのだろうか（写真：鈴木佑弥氏）

口絵10　アカウシアブ
スズメバチの仲間に擬態しているが、アブの特徴を残している（写真：石田岳士氏）

口絵 11　ナミテントウ（左）とクリサキテントウ（右）の幼虫

口絵 12　アカマツで暮らすマツオオアブラムシ
すばしこく動くので、テントウムシにとっては捕まえにくいエサ。
ところがクリサキテントウはあえてこのアブラムシを選んで食べている

口絵 13　クジャクグモの一種（*Maratus volans*）
カラフルな飾りを広げて求愛のダンスをする
（写真：Rex Features/アフロ）

口絵 14　ミルクヘビ
アメリカに生息するミルクヘビの一種（*Lampropeltis elapsoides*）。
派手な色彩をしているが無毒。毒のあるサンゴヘビに擬態している
（写真：デービッド・キクチ博士）

中公新書 2433

鈴木紀之著

すごい進化

「一見すると不合理」の謎を解く

中央公論新社刊

序章にかえて——進化はどれほどすごいのか

みなさんは一度ならず「生き物ってすごいなあ」と感心したことがきっとあるはずです。たとえば、よく取り上げられる自然界の驚異に「擬態」があります。擬態とは、姿や振る舞いを他の生物や環境に似せることで、何らかの得をする戦略のことです。自然愛好家も写真家も研究者も、この進化の産物に惚れ込んでいます。スジグロカバマダラというチョウは体内に毒を溜めこんでおり、天敵である鳥から襲われることはほとんどありません。その一方で、ツマグロヒョウモンという種類は鳥にとっておいしいエサだと考えられていますが、有毒で派手な模様のスジグロカバマダラに似せることで鳥をだまし、鳥からの攻撃を免れています（口絵1）。

チョウは自分の姿なんて認識できないはずなのに、どうして他の種類とそっくりにデザインされているのでしょうか。

同じ種類であっても、生物には人間と同じように個体差があります。そのなかでも、生存に有利な形や色といった生まれつきの性質（これらを「形質」といいます）をもっている個体は、結果的により多くの子孫を残し、遺伝によって後の世代にもそうした形質が増えていきます。このプロセスを「自然淘汰による進化」と呼びます。見た目がまずいチョウに似ている個体が鳥から攻撃されず、他の個体より少しでも生存に有利なら、擬態が自動的に広まっていきます。逆に言うと、少しでも弱点のある（生存に不利な）個体は淘汰されてしまい、今ここに存在していないはずなのです。自然淘汰の絶え間ないチェックは、不利な形質が生き残れるほど甘くはなく、いま現在見られる生き物の戦略は、さぞかし巧みで合理的であるにちがいありません。

本書では、この巧みさについてもっと詰めて考えていきます。

巧みにも合理的にも見えない進化？

さて、それでは進化は本当に完璧さをもたらしているでしょうか。もう一度、前述のチョウをじっくり見比べてください。斑紋の並び方がはっきりと異なっていることに気づくはずです。慣れれば、飛んでいる個体を遠くから見ただけでも識別できます。モノマネがいくら上手でも、瓜二つには程遠いものです。

しょせん虫だから……。完璧でない振る舞いや形の理由をそのように決めつけてしまうのは簡単です。それでは、なぜツマグロヒョウモンの擬態は不完全なままなのでしょうか。自然淘汰の絶え間ないチェックを何千年、何万年も乗り越えてきたのであれば、スジグロカバマダラとほとんどまったく見分けのつかないレベルで擬態していてもよさそうなものです。弱肉強食の世界で、このような進化の不合理性が見られるのはなぜでしょうか。

現在、進化生物学者の中で自然淘汰の原理を完全に否定している人はまずいません。しかし、進化を自然淘汰でどこまで説明できるのか、すなわち「進化はすごい」とどれだけ信じているかという点については、研究者の間でさえ驚くほどの違いがあります。「進化はそれほどすごくない」というスタンスでは、さまざまな制約によって自然淘汰が妨げられたり、まったくの偶然によって有利ではない形質が広まったり維持されたりすることを重視します。

私自身、昆虫の生態を研究していく中で、「虫って何だかまぬけだなあ」という印象を受けることがあります。しかし、一見すると不合理な行動に直面したときも、「実は合理的に機能しているはずだ」と考える姿勢を忘れないように心がけています。

つまり、生き物に不完全さを感じるとしたら、何を隠そう、それは私たち人間のほうに想像力が足りないのだと期待したいのです。これは、「なんだかんだいって生き物はうまくできている」という自然観察者としての願望であり、「不完全だからという理由で探究をあきらめない」という研究者としての建設的なアプローチであり、「進化はすごい」という私の生物学者としての信念でもあります。

本書のスタンス

そこで本書では、一見すると不合理な形質や生態に焦点を当て、はたして「進化はどれほどすごいのか」を吟味していきたいと思います。やや極端かもしれませんが、あくまで「自然淘汰をできる限りあきらめない」というスタンスでどこまで行けるか試してみます。そのため、すべての学説を公平に解説するわけでも、学界におけるスタンダードを紹介するわけでもなく、むしろ、教科書や主流派の説明からは逸れる（けれども合理的な）解釈について、私自身や国内外の研究事例を披露していきます。

第一章では、生き物の巧みさを促す適応と、それを妨げる制約についてまずは学んでいきましょう。第二章では、里山に暮らすチョウの生活史を中心に、制約が重要そうに見えて、実はそうではなかった事例を解説します。第三章では、テントウムシの不合理に見える現象を取り上げて、適応にもとづいて合理的に解釈できる事例について紹介します。具体的には、「オスが違う種類のメスに求愛する」とか「おいしくないエサを選ぶ」といった、繁殖や成長にとって不都合に見える行動が登場します。第四章では、国内外の最新の知見をピックアップし、派手で無駄にあふれた形質や性という非効率な繁殖方法が進化した要因について解説します。そして終章では、私たち人間の進化にも存在している不合理性に着目しながら、これまでの流れをまとめたいと思います。

地球上の生物の多様性を生み出した進化はそもそも驚嘆に値するもので、私がくり返して強調するまでもありません。ただそうは言っても、すごくないように見える生き物の形や振る舞いがあるのも事実です。しかしながら、そこであきらめずにつぶさに観察していくと、一見すると不合理に見える形質ほど、実は「すごい進化」の秘密が隠されているのだと、私は考えています。

本書を読み終えたとき、あなたは生き物が「それでもうまくできていない」と感じるでしょうか。それとも、「やっぱりうまくできている」と感じるでしょうか。状況証拠から進化の法則を追究する探偵＝進化生物学者になったつもりで、地球上に現れた自然のパズルをひもといていきましょう。

目次

第一章　進化の捉え方

1　適応と制約のせめぎ合い

進化と自然淘汰

序章で、スジグロカバマダラに姿を似せたツマグロヒョウモンを紹介しました（口絵1）。似てはいるけど瓜二つではない両者。自然淘汰を経てなおそっくりでないのは、何らかの制約がかかっているからなのか、あるいは実は十分に適応した結果が現在の姿であって、そっくりでない合理的な理由があるからなのか——こうしたことを議論していく前に、まずは「進化とは何か」、そして「自然淘汰とは何か」というところからおさらいしていきましょう。

そもそも進化とは、生物の形質が世代をこえて置き換わっていくプロセスのことです。たとえば、どの個体も茶色の毛をしているネズミの集団がいたとしましょう。その子の世代ではみんなまだ茶色の毛をしていたのに、何らかの原因によって孫の世代から毛の色が黒い個体が現れることがあります。そうすると、その次の世代以降、黒い個体の割合が増えていったり、あるいはまた茶色の個体ばかりの集団に戻ったりもします。このように、世代をまたいだ変化の過程が進化の本質であるといえます。

ひとつ注意が必要です。よく「イチロー選手は進化している」というような表現を耳にしますが、これはイチロー選手個人の野球のスキルが上達したことを指しているのであって、世代をまたいで置き換わっているプロセスではありません。したがって、生物学の用語としての進化にはあてはまりません。一方でスマートフォンの進化というときは、端末やソフトウェアが新しい「世代」に置き換わっていくプロセスを指しており、生物学の進化と相性のよい現象といえます。進化という専門用語は今や市民権を得て、本来とは異なるニュアンスで使われることもしばしばあります（まさに、「進化」という言葉の意味が置き換わっているのです）。本書でいう進化とは、あくまでも世代をまたいで生物の形質が置き換わっていくプロセスを指すことにします。

では、どのような要因が進化をもたらすのでしょうか。その代表的なものが自然淘汰（自然選択）です。自然淘汰とは、生物の集団に見られるさまざまな形質のうち、より環境に適していて生存や繁殖に向いている形質へと置き換わっていくことを指します（図1-1）。毛の色が茶色の個体と黒の個体というように、形質の違いは個体ごとにあります。その中に

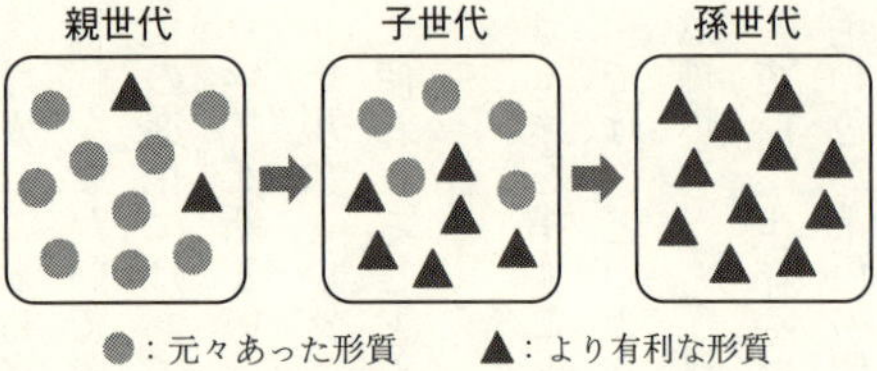

図１－１　自然淘汰のメカニズム

は、天敵の目を逃れるなどしてうまく生き延びて、子どもを残す上で有利な形質もあれば、天敵に見つかりやすいといった不利な形質もあるでしょう。有利な形質は世代を経るにつれて自動的に割合を増やしていき、逆に不利な形質は減っていきます。このプロセスが自然淘汰による進化です。

遺伝の仕組み

自然淘汰とは、さまざまな形質の中からより生存や繁殖に適したものへと置き換わっていくプロセスであると定義されました。もしどの個体もすべて同じ形質を持っているなら、有利も不利もないわけですから、世代をまたいだ進化は起こりようがありません。集団の中に異なる形質が生み出されることが進化のしやすさに直結しています。個体ごとの違いはまさしく進化の源泉なのです。では、ここでいう「さまざまな形質」は、そもそもなぜ存在するのでしょうか。

生物の形質の違いをたどっていくと、ＤＮＡに行き着きます。ＤＮＡとは四種類の小さなユニットが長くつらなっている分子で、細胞の中に格納されています。四種類のユニットの並び方（配列）によって、異なる種類のアミノ酸が細胞の中で生成されます。このアミノ酸がつらなることで立体的で複雑なタンパク質になります（図1－2）。タンパク質にはコラーゲンやケラチンのように生物の体を形作るものから、アミラーゼやペプチターゼのように酵素として他の化学反応を手助けするものもありますから、このタンパク質こそがまさしく生物の形質の実体であるといえます。元をただせば、すべてはＤＮＡの配列の違いから始まります。ＤＮＡが「生命の設計図」と呼ばれる所以《ゆえん》になっています。

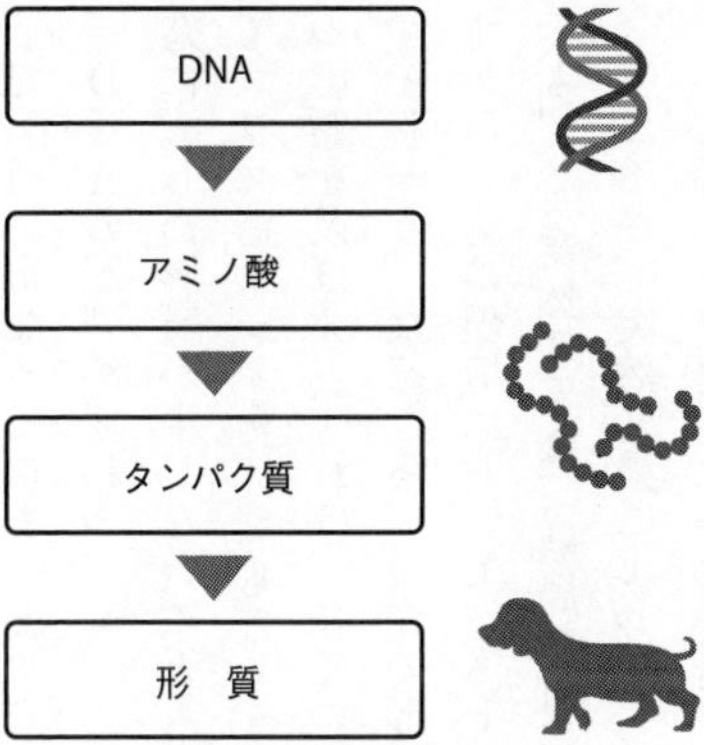

図1－2　DNAから形質ができるまで

　それでは、ＤＮＡ配列の違いはどのようにして生じるのでしょうか。基本的に、細胞にはＤＮＡの配列を正確に複製し、それを親から子へと受け渡していく仕組みが備わっています。ところが、生物らしいといえるかもしれませんが、この情報の伝達は完璧ではありません。ＤＮＡの配列を複製するときにごく稀にミスが生じてしまい、元の鋳型となる配列とは異なる配列が生成される場合があります。この現象は「突然変異」と呼ばれています。ほとんどの配列ではうまくコピーが完了しますが、突然変異の生じた箇所では親と子で配列が異なってしまいます。

ＤＮＡの配列が変わっても、それによって生成されるアミノ酸の並び方やタンパク質の構造に大した影響が生じないこともあります。そのような場合、突然変異は生物の生存にとってプラスでもマイナスでもなく、「中立」であると見なされます。もし突然変異がなんらかの影響を及ぼすとすれば、多くの場合は生物の生存や繁殖にとってマイナスの効果をもたらすでしょう。なぜなら、現在の形質は何世代にもわたる自然淘汰を経て存在しているわけですから、その環境においてベストな形質をいじられてしまうことになるからです。こうした「不利な」突然変異は、結局は自然淘汰によって排除され、後世に伝わりにくくなります。

ところが、突然変異によって生じた形質が元の形質よりも生存や繁殖において有利になることも稀にあります。その場合、毎世代の自然淘汰を経て、この有利なＤＮＡ配列（形質）は集団の中へ広まっていきます。まさしく、生物はそうしたプロセスを経て今の形や行動を進化させてきたのです。突然変異はたしかに情報伝達の際のエラーなのですが、形質の差を生み出し、新たな適応をもたらすためのスタートになっているともいえます。

以上のように、突然変異が起きたとしても生物にとってはほとんど中立であって、そうでなければだいたいは有害です。有益な突然変異はそれ以外のケースに限られますが、自然淘汰はまさにこうしたごくわずかなチャンスに賭けているのです。今いる生物の形質は、途方もないような試行錯誤の積み重ねによって存在しているといえるでしょう。

進化の限界

遺伝がDNA配列の複製という仕組みを採用している以上、形質の創出には限界がありま す。子の遺伝子は、親が持っているDNA配列をもとにしているため、進化といっても大幅な改変はあまり望めそうにありません。ましてや突然変異はランダムに起こるので、いつも都合のよい形質が生まれるとは限りません。生存や繁殖に最適と思われるデザインを一から作り上げるのではなく、祖先から受け継いだ素材をベースとして、少しずつ修繕を加えていくしかないのです。

極端な話、有益な突然変異がいつまで経っても生まれないなら、遠い祖先と同じ形質を保持し続けることになります。その場合、過去に進化した形質が現状の環境では役立たずになってしまうような「ミスマッチ」も起こりかねません。自然淘汰には限界があって、いつも生存や繁殖に適した形質が進化するわけではないのです。

ランダムな突然変異からその時々の環境でもっとも適したものが非ランダムに選び抜かれることこそが自然淘汰といえますが、そのプロセスや結果として生じた状態は、専門用語で「適応」と呼ばれています。逆に、突然変異が供給されなかったり、他のさまざまな原因によって適応が妨げられたりすることがあり、そうした要因はすべて「制約」と呼ばれていま す。私たちが目を見張るような自然の驚異はおおよそ適応の産物といえそうですが、その一方で制約とは具体的にどのようなものなのでしょうか。それを知るために、まずはイトトンボの分布やカタツムリの殻、淡水域を泳ぐイトヨの形態などを例に見ていきましょう。

分布の端っこ

テキサス州南端のリオ・グランデ・バレーと呼ばれる地域を旅行したとき、メキシコを分布の中心とするチョウをたくさん観察することができました。「リオ・グランデ」とはスペイン語で「大きな河」を意味しており、これがアメリカとメキシコを分かつ国境となっていますが、この地域での川幅は二〇メートルほどで流れもゆるやかになっています。国境といえどもすぐ対岸にメキシコが見えて、泳いで渡れそうな距離にあります。実際、私が川辺に近づいたときに驚いたアメリカトキコウという巨大な鳥が飛び立ち、向こう岸のメキシコへと去っていきました。

このようにチョウや鳥といった飛翔する生物はいとも簡単に国境を越えますが、メキシコに生息する種類がアメリカへと分布を拡大してそのまま定着できるわけではありません。リオ・グランデ・バレーではメキシコから頻繁にチョウが飛んできますが、毎年のように記録される常連もいれば、数十年に一度しかお目にかかれない珍しい種類も含まれています。あくまでも分布の中心はメキシコであって、どこかに分布の境界が定まっているのです。生物の適応能力をもってすれば何世代かのうちに生物の分布が外へ外へと広がっていきそうですが、そのような予測は必ずしも正しくありません。おそらく、分布の端っこでは適応を妨げる要因が強くはたらいており、生物の分布拡大にストッパーをかけていると考えられています。このように、生物の分布の境界がどのように決まっているのか理解するためには、適応だけではなく制約の効果も考えることが重要であるといえます。

ため池や水田に生息するアオモンイトトンボ（口絵2）は東南アジアから日本の本州にかけて分布していますが、東北地方の仙台市あたりがちょうど分布の北限になっています。分布の端っこのほうでは、周辺地域から流入してくる個体が限られるため、進化に必要な遺伝子の変異はどうしても少なくなってしまいます。また、初めは少数の個体が分布の端っこにたどり着いて集団を形成していったはずですから、進化の源泉となる遺伝子の変異がもともと少なかったはずです。そのため、新天地の環境に適応したり分布の北限を押し上げることがないまま経過している可能性があります。

千葉大学の高橋佑磨《たかはしゆうま》博士の研究によれば、分布の境界に暮らすアオモンイトトンボではそうした「制約」の効果が体の大きさに影響を与えていることが示唆されました。一般的には、昆虫の体のサイズは寒い地域に向かうにつれて小さくなったほうがよいと考えられています。体が小さいほど日射によって体温が上がりやすいので、寒い地域でもうまく行動を開始できるからです。ところがアオモンイトトンボの場合、分布境界に近い東北地方では逆に体のサイズが大きくなる傾向が見られました[1]。体が大きいと体温が十分に上がるまで時間がかかり、寒い地域での活動に支障をきたすおそれがあるので、このパターンは自然淘汰にもとづいた予測から外れています。それと同時に、分布の境界に近づくにつれて遺伝子の多様性が低下することも判明しました。これらの事実から、分布の端っこに暮らす集団では進化に必要な変異が十分に備わっていないために、体の大きさについての適応が妨げられていると考えられます。

地球温暖化の影響もあってか、暖かい地域から寒い地域へと分布を広げる生物は少なくありません。とはいえ、分布はどこまでも広がっていくわけではありません。多くの生物では、海岸線や大きな河川といった目立った地理的な障壁がないにもかかわらず、どこかで分布が定まっています。アオモンイトトンボの研究が示唆したように、分布の境界に近い場所ではどうしても進化が追いつかず、効率のよい繁殖が停滞している可能性があるのです。これなどは、遺伝子の多様性の低さが制約となっている例といっていいでしょう。

海洋島と左巻きのカタツムリ

ほとんどのカタツムリの殻は右巻きです。上から見ると、中心から外へ時計回りに巻いています。それに対して左巻き（反時計回り）のカタツムリは珍しく、限られた種類でしか見つかっていません（図1－3）。このような偏りが起こるのは、右巻きと左巻きでは同じ種類であっても互いにうまく交尾できないため、右巻きしかいない集団において突然変異によって左巻きのカタツムリが出現したとしても、繁殖できずに終わってしまうからです。ただでさえカタツムリは動きが遅いので交尾相手を探すのに苦労するのに、同じ巻きの方向の個体がいなければ交尾できるチャンスはほとんどありません。自然淘汰に従えば、左巻きのような繁殖に不利な形質が右巻きの集団に広まるとは考えられません。

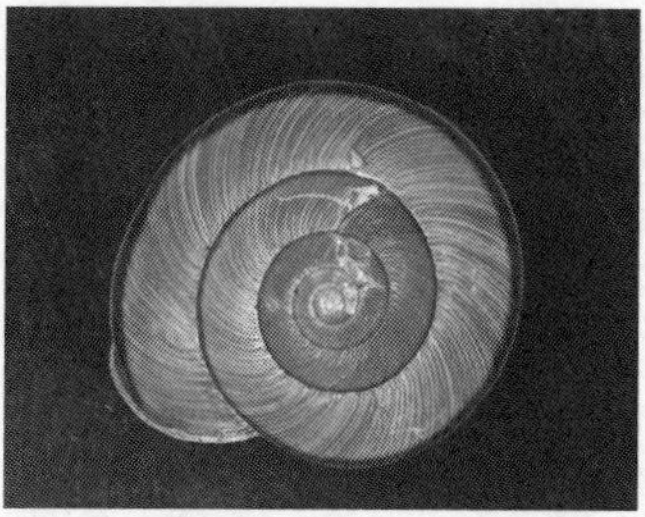

図1－3　左巻きのカタツムリ（ヒダリマキマイマイ）　平野尚浩博士撮影

それでも左巻きのカタツムリは、現に世界中で何種類か知られています。例外的とはいえ、これだけ繁殖に不利な左巻きのカタツムリがなぜ健在なのでしょうか。京都大学の細将《ほそまさ》貴《き》博士は、まず「適応」にもとづいて左巻きのカタツムリの謎を解明しました。[2] ヘビの仲間にはカタツムリだけを食べる変わった種類がいて、そのヘビの行動や歯の形態は、右巻きのカタツムリをうまく食べるように特化しています。ほとんどのカタツムリは右巻きなので、ヘビも「右利き」になるように進化したのです。この状況では、ヘビにとって捕まえにくい左巻きのカタツムリが有利になります。左巻きのカタツムリは繁殖の上ではたしかに不利かもしれませんが、天敵であるヘビから逃げる上では右巻きの個体よりも有利だといえます。天敵による捕食がきっかけとなって左巻きの個体が少しずつ増えていけば、やがては左巻きだけの種類が誕生することになります。

ところが、話はここで終わりません。右巻きのカタツムリに特化したヘビが分布していないハワイなどの地域でも、左巻きのカタツムリが生息しているからです。くり返しになりますが、右利きのヘビがいないなら左巻きのカタツムリは繁殖において不利になってしまいます。ヘビなしでは左巻きのカタツムリの存在をうまく説明できそうにありません。

適応でうまく説明できそうにない場合は、進化における制約を考慮する必要があるでしょう。そこで細博士がさらに注目したのは、「海洋島」という特殊な環境です。海洋島とは、海底火山の活動などによって形成された島のうち、大陸と一度も陸続きになったことのないものを指します。海洋島は海の中から誕生した陸地ですから、はじめは陸上の生物がまったく分布していません。その後、徐々に近くの陸地から生物が海洋島へと定着して、長い時間をかけて島の生態系が育まれていきます。カタツムリは海を泳いで渡れませんから、鳥などの飛翔できる生物や流木などに付着して海洋島にたどり着いたと考えられます。

運良く海洋島にやってきた生物は、はじめは少数の個体から繁殖をスタートさせるしかありません。ここに、適応とは異なるプロセスが進化に大きな影響を及ぼす可能性があります。左巻きのカタツムリは繁殖において不利だとしても、たまたまそのような個体が何匹か現れて、しかも周りに右巻きの個体がそれほど多くいないのであれば、完全に排除されることなく生き延びることも無理ではありません。たとえ自然淘汰の上では多少不利だとしても、まったく子孫を残せずにすぐさま系統が途絶えてしまうわけではないのです。こうした偶然が進化におよぼす効果は「遺伝的浮動」と呼ばれており、繁殖や生存に有利な形質が生き残るという決定論的な自然淘汰とは対照的なメカニズムとなっています。遺伝的浮動にもとづいた仮説を支持するように、右利きのヘビがいなくても海洋島では左巻きのカタツムリが分布しやすいことが明らかになりました。[3]

このように、カタツムリの巻きの方向は天敵のヘビがもたらす自然淘汰の力や遺伝的浮動がもたらす偶然のせめぎ合いによって決まっています。進化において自然淘汰が大事だとしても、それだけでは左巻きのカタツムリがヘビのいない島で何度もくり返して進化した現状をうまく説明できないのです。両者のバランスをうまく捉えることが、多様な生物の進化を公平に眺める上での秘訣かもしれません。

湖と川を行き交うイトヨ

偶然が進化に作用する「遺伝的浮動」について紹介したので、次は「遺伝子流動」という制約を見ていきましょう。

イトヨは日本や北アメリカ、ヨーロッパ北部に分布する魚で、主に湖沼や渓流といった淡水に生息しています（図1－4）。湖沼と渓流とでは水の流れや生息しているエサ生物も異なるので、同じ種類のイトヨといえども要求される形質が異なってきます。たとえば、湖に生息するタイプではより持続的に泳ぎ続けるのに適した細長い体型をしており、動物プランクトンをうまく食べられるように鰓《えら》の構造が発達しています。対照的に、川に生息するタイプでは瞬発力を発揮しやすいようなややずんぐりとした体型を持ち、鰓の構造は川底にいる昆虫などの小さな節足動物を食べるのに適しています。これらの形質の違いは、それぞれの環境においてより適したタイプが進化していった結果であると解釈できます。

図1－4　イトヨ（上がオス、下がメス）
石川麻乃博士撮影

ここで重要なことは、湖と川は完全に分離されているのではなく、両者がつながった環境であるということです。川は湖へと流れ込み、そして別の場所からまた川へと流れ出ていきます。そのため、湖と川それぞれに生息するイトヨもたまには交流することがあり、そこで繁殖が起きれば両者の遺伝子が混ざり合うのです。このように異なる地域の個体どうしで遺伝子のシャッフルが生じることは「遺伝子流動」と呼ばれています。生物がエサや異性を探したり、あるいは天敵や環境の変化から逃れるためにあちこち移動していることを考えると、遺伝子流動は自然界でごく当たり前に起こっていると思われます。

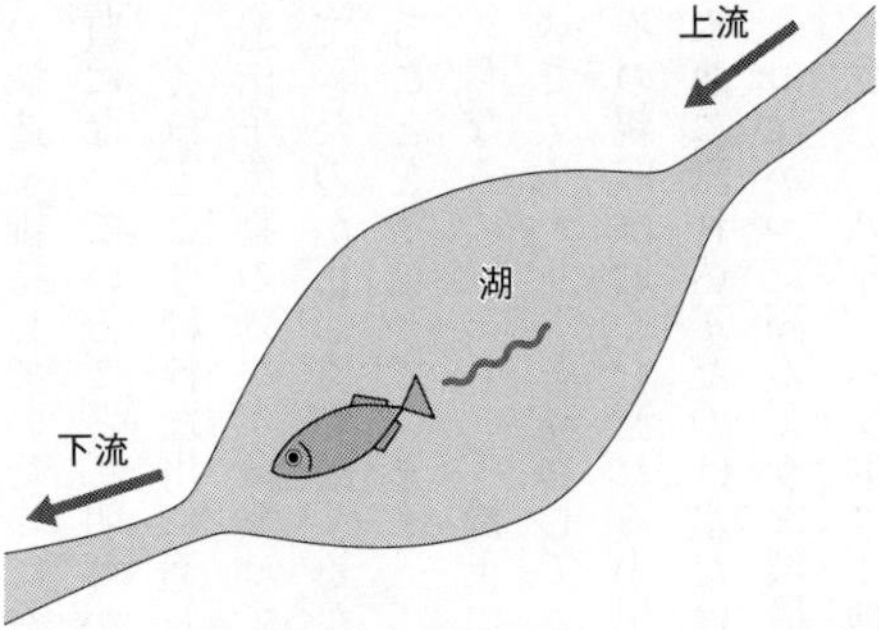

図1－5　**湖に生息するイトヨ**　上流へは行きにくいが、逆に下流へと流されやすい

カナダの名門マギル大学のアンドリュー・ヘンドリー博士らは、川と湖の「非対称な」関係に注目して、遺伝子流動がイトヨの形態に与える効果について興味深いデータを発表しています。[4] 流れに逆らって湖から川の上流へと向かうイトヨはそれほど多くないはずです。逆に、湖から川の下流へと流されてしまう個体は比較的多いと考えられます（図1－5）。そのため、湖の下流の川に生息するイトヨは遺伝子流動の影響を一方的に受けていると予想されました。その期待通り、調査の結果、湖よりも上流に生息するイトヨは川の環境に適した体型と鰓

の構造を維持していたのに対し、湖よりも下流に生息しているイトヨは川と湖の中間的な形質になっていることが明らかになりました。その影響は湖に近いほど顕著で、湖から下っていくほどより純粋な川に適したタイプになっていました。言い換えると、湖から離れるほど遺伝子流動の効果が薄まっていくといえます。この研究は、生物の形質がどのように進化してきたのか正しく判断するためには遺伝子流動の効果をきちんと組み入れることが重要であることを物語っています。

ちなみにヘンドリー博士には、カリフォルニア北部のワインの一大産地として知られるナパでワイナリーを経営している親戚がいます。一九七〇年代、ブドウ園を始めるにあたって、その親戚は近くを流れる小川から水を汲み入れて二つの貯水池を建設しました。このとき貯水池に流れ込んだのは水だけではなく、同時にイトヨも入り込みました。つまり、川とは緩くつながった湖のような環境が人工的に形成されたのです。

二〇〇八年、ヘンドリー博士がサバティカル（研究休暇）でワイナリーに滞在していたとき、ふたりの幼い娘が貯水池と小川の両方にイトヨが生息することを発見しました。これは、自然生態系の湖と川で観察されたようなイトヨの形態の分化が生じているかをチェックするまたとないチャンスとなりました。貯水池と小川に生息するイトヨの体型を比較したところ、確かに湖と川のそれぞれで見られるような形質の違いが検出されました。これは、貯水池ができてから三〇年ほどの間に、自然淘汰によって形質の進化が生じたことを示唆しています。

しかし、貯水池と小川のイトヨの間に認められた体型の差はごくわずかであって、自然淘汰から純粋に期待されるほどクリアな結果にはなっていませんでした。自然淘汰による進化が生じるまでもっと時間が必要なのか、あるいは小川から貯水池へのイトヨの流入が頻繁に起こるため、強い遺伝子流動が適応の妨げになっているのか、そのどちらか（または両方）の可能性があります。この研究の成果は「ヘンドリーブドウ農園のイトヨ」というタイトルで、小学生の娘たちが共著者になって学術論文として公表されています[5]（そう、立派な観察眼と探究心があれば誰でも進化生物学者になれるのです）。

遺伝子流動は、適応とは逆行する力です。せっかくそれぞれの環境に適した形質も、遺伝子流動のせいで適応がもたらした完全性が崩されてしまうからです。では、遺伝子流動という制約の力は、進化にどれほどの影響を及ぼすのでしょうか。これはすなわち「遺伝子流動は適応を妨げるか」という問題にほかなりませんが、この問題はイエスかノーの二者択一で答えられる単純なものではありません。イトヨの研究で明らかになったように、遺伝子流動の影響はあくまでも程度の問題なのです。同じパターンを見ても、ある人は「制約が大きな役割を果たしている」と言うかもしれませんし、別の人は「十分に適応が働いている」と主張するかもしれません。自然界のパターンをどう解釈していくのか、進化の研究が「哲学的」な議論に結びついていく理由がここにあります。

2　適応をめぐる歴史と哲学

進化の原因は、なかなか分からない

進化の研究に悩みは尽きません。まず遠い過去に起こったことを同じシチュエーションで再現することはできません。たしかにイトヨのように、私たちの目の前で、ごく短い時間の中で進化が見られることはあります。イトヨ以外でも、グリーンアノールというトカゲの例が有名です（図1-6）。グリーンアノールは小笠原諸島や沖縄で外来種として猛威をふるっていますが、原産地であるフロリダでは、やはり外来種であるブラウンアノールに苦しめられています。

グリーンアノールはもともと地表から樹のてっぺんに至る幅広い生息環境に暮らしていましたが、キューバやバハマから侵入してきたブラウンアノールが地表付近を好んで生息するため、それを避けるようにしてグリーンアノールの生息場所は樹上に制限されるようになりました。グリーンアノールの指先の表面には、樹皮に吸い付くような吸着性の強い構造があるのですが、ブラウンアノールによって不安定な樹上の枝先や葉の上に追われた結果、そこ

でも活動しやすくなるよう指先が大きくなったのです。[6]

この進化の過程については、ハーバード大学のジョナサン・ロソスが率いる研究グループが、グリーンアノールしかいなかった小さな島にブラウンアノールを放すことでリアルタイムで追っています（現在の日本では、外来種を意図的に野外へ放すような実験はなかなか許可されないと思います）。一九九五年にブラウンアノールが放たれたのち、二〇一〇年にはグリーンアノールの足先の吸盤に明瞭な進化が確認されました。

図1－6　グリーンアノール　急速な進化が観察された

世代の数に換算すると、およそ二〇世代になります。実験の開始から形態のチェックまでに一五年のタイムラグがあるので、ひょっとしたら進化はもっと早い世代で起こった可能性もあります。

しかし、こうしたクリアな事例は例外的なもので、いろいろな生物が複雑に絡み合う生態系では、形質の進化に影響をおよぼしうる要因はたくさんあり、主要な要因を特定するのは簡単ではありません。分布の北限である仙台市周辺にすむアオモンイトトンボは適応にもとづいた予測に反して体が大きく成長しますが、実はその大きさがそこでもっとも効率よく生き残るための方策なのかもしれません。右利きのヘビが分布していない島に生息する左巻きのカタツムリも、もしかしたら、ヘビとは異なる要因が生存や繁殖に影響をおよぼして、左巻きの進化を促したのかもしれません。実のところ、絶対の自信をもって「正しい」と断言できる仮説などはほとんどなく、進化生物学者にできることといったら、できる限りの証拠をかき集めて、それにもとづいて合理的に考えて、「暫定的な真実」を定めるしかないのです。では、適応と制約がせめぎ合う生物の進化の中で、私たちはどのようにして真実に近づけばよいのでしょうか。

最適化アプローチ

自然淘汰の秘密に迫るうえで、進化生物学者は「最適化アプローチ」と呼ばれる手法を採ることがあります。これは「生物の形質は自然淘汰によって最適化されている」と仮定したうえで、生物の行動なり形態なりの意味を探っていくというもので、ゲーム理論を生物学に応用したことで著名なジョン・メイナード＝スミスらによって一九六〇年頃に定式化されました。とにかく「生物が環境に適応している」という状況をデフォルトとして、そこから研究をスタートさせます。

最適化アプローチの単純な例として、親鳥が巣の中に何個の卵を産むべきか考えてみましょう。親鳥としては、なるべく多くのヒナを育てあげたいと思っているはずです。しかし、ヒナの数が多すぎると親は育児に十分な量のエサを集めてくることができないため、ヒナが共倒れするリスクが伴います。ヒナの数が少なければ多くのエサを集めるなどの育児全般の手間は省けますが、それだけ次世代に残せる子の数が少なくなってしまいます。そこで研究者は、これらのバランスから最適な卵の個数を定量的に予測し、もし親鳥が最適に行動しているなら、その通りの卵の数が期待されます。あとは実際にデータを取って、その予測に合っているか確認すればよいのです。多くの研究者がこうしたアプローチを採用しています。

現在生き残っている生物は、すなわち自然淘汰を経てきたわけですから、「生物の形質は適応的である」という仮定は一定の正しさを含んでいます。ただし前に述べたように、生物の形質は必ずしも完璧ではありません。進化の源泉となる遺伝子の多様性が足りないために祖先の形質をそのまま使っているかもしれませんし、遺伝子流動を介して隣の集団から影響を受けているかもしれません。現状の生物であっても「非適応的な」形質が維持されている可能性もあるのです。先ほどの例でいえば、たとえ親鳥が一〇個の卵を一度に産むことがもっとも生産性の高い方法であったとしても、おなかの中にそれほど多くの卵を蓄えておくスペースが進化していないために、それよりも少ない数の卵で妥協しているかもしれません。最適化というのはあくまでも研究者の期待であって、実際に最適化されているのか、制約がどの程度まで影響を与えているのかについては、予測と実際のデータを比較してみるまで分かりません。

痛烈な批判

最適化アプローチによって進化生物学者は形質の進化を定量的に予測できるようになり、求愛や育児、エサ採りや渡りに至るまで、さまざまな行動を適応にもとづいて解析できるようになりました。ところが、この新たな手法が盛り上がりをみせていた一九七〇年代、最適化アプローチは大きな批判に晒されることになりました。その急先鋒に立ったのは、ポピュラー・サイエンスの書き手としても名高い、古生物学者のスティーブン・ジェイ・グールド（一九四一〜二〇〇二）でした。

グールドが最適化アプローチに対して提起した問題点は大きくふたつあります。ひとつは、実際の生物の形質は必ずしも適応的ではなくて、さまざまな制約によって規定されている可能性が高いこと。もうひとつは、何でもかんでも適応だとみなして研究を進める、研究者自身の態度についてです。最適化アプローチを重視し、制約については無視してよいとする見方は「適応主義」と呼ばれています。適応主義者は、適応と制約がせめぎ合う「進化上の真実」がどこにあるのかは別として、ほとんどの形質が最適化されているはずだという世界観での自然界を眺めています。

ここで特にグールドが問題視しているのは、観察された形質が適応にもとづいた予測から外れたときの対応です。実際のパターンが予測からずれていた場合、それは何を意味しているのでしょうか。順当に考えれば、制約によって形質が最適化されていないということになるはずです。ところが適応主義者はそのように考えません。なぜなら、「形質は最適化されているはずだ」という信念をもっているからです。そこで次に考えることは、「自然淘汰にかかわる何か別の要因が効いていて、そこで求められている機能を満たすために最適化されているはずだ」ということです。たとえば、親鳥が産む卵の数が予測値よりも少なかったとしましょう。このとき適応主義者は、「この地域にはヒナの天敵となる猛禽類が多く生息しているので、親鳥は巣でヒナを守らなくてはならず、エサ探しに十分な時間を費やすことができない。したがって、初めの予測よりも少ない卵の数が最適なのだろう」、あるいは「ヒナをたくさん産んでしまうとヒナ同士で頻繁にケンカが起きてしまう。そうするとどうしても体が大きくて強い個体がエサを独占しやすくなるため、すべてのヒナを育てあげるためには卵の数を制限してどのヒナに対してもきめ細かい世話をほどこしたほうがよいのだろう」というように、現実のパターンに合う仮説を新たにひねり出していきます。あくまでも形質が最適化されているという前提は崩さないのです。

グールドは、適応主義者のこのような態度はあまりに安易だとして批判しました。たとえ適応にもとづいた仮説が実験や観察の結果として棄却されたとしても、その結果に合う別の仮説を考えつくかぎり、「形質が最適化されている」という前提自体が反証されることはないからです。つまり、このアプローチではいつまで経っても制約の効果が顕在化することはありません。制約の重要性を主張するグールドのような研究者にとっては、とても許しがたいことでした。

批判の克服

グールドの指摘は本質を突くもので、最適化アプローチで盛り上がっていた学界は衝撃と動揺を受けました。しかしこうした批判こそが、科学が前進し、新たな地平へ達するための絶好の機会となったのでした。最適化アプローチは生物の研究を進める上で誤った方法なのではなくて、むしろ生物の巧みな行動や形態を解き明かすために有益で、おそらく替えの効かない方法だったのです。

適応にもとづいた予測が実際のパターンから外れてしまった場合を再び考えてみましょう。このようなことはよくあることです。なにせ、私たちが生み出すことのできるアイデアには限りがありますし、いつも期待通りに生き物が振る舞ってくれるはずがありません。このとき、制約が大事だとする立場では、「生存に有利な突然変異がまだ生じていないから、自然淘汰による進化が起きていない」「祖先と同じ形質を維持しているだけで、現在の環境においては適応的ではない」とみなすことで、最適化されていない形質について納得します。適応していないように見えるパターンを、このように制約のせいだとして片付けてしまうのは難しくありません。

しかし、たとえ適応にもとづいた予測が外れたとしても、制約が本当に重要なのか、それさえも確定したことではないのです。というのも、適応にもとづいた別の仮説が正解かもしれないからです。さまざまな種類が複雑に関係し合っている自然界では、当初予期していなかった要因が重要な役割を果たしている可能性もあります。制約は言うまでもなく生物の進化において欠かすことのできない要素ですが、（適応と同じように）制約の重要性もまたはっきりとした事実ではないのです。

しかし、予測が外れた時点では、制約が効いている可能性の他にも、適応にもとづいた別の要因が重要である可能性も残されています。つまり生物は、私たちが予期していなかった、未知の要因を加味した状況に対して適応しているかもしれないのです。

適応にこだわり続けるアプローチでは、予想が外れたならとりあえずこれまでの仮説を見直します。野外の動物を対象にしている研究なら、フィールドワークでさらに詳細な行動を記述して、仮説に関連していそうなデータを補強するかもしれません。あるいは、既存のアイデアをうまく組み合わせることで、新たな仮説を思いつくかもしれません。こうして手元のデータを参考にしつつ調整していけば、より現実に即した仮説が生み出される可能性があります。新しく誕生した仮説が正しいかどうかはこの時点で定かではありませんが、改善された予測を元にして、また検証を始めればよいのです。その結果、少しは真実に近づくことができるかもしれません。

つまり、最適化アプローチは新たな仮説を生み出すための建設的な手段であるといえます。さきほど「(グールドの批判は)科学が前進し、新たな地平へ達するための絶好の機会」と書いたのはそのためです。結果的に、適応にもとづく仮説でどうしても説明できなかったら、ついには適応主義をギブアップして、制約の効果を検討すべきかもしれません(人によっては、それでも適応主義の立場を崩さずに研究を進めるでしょう)。それでも、最適化を仮定して新たな仮説に取り組むほうが、「制約のせいで現在の形質には適応的な機能がない」という見方よりも実り多い研究プログラムなのです。予測が外れたときの適応主義による対応をグールドは批判しましたが、その対応こそが最適化アプローチの最大の強みだったといえるでしょう。

進化生物学者の立場（グラデーション）

では、進化生物学者たちはどのようなアプローチで研究を進めているのでしょうか。実際には、人によってさまざまな見方があります。「生物進化では自然淘汰が何ら役割を果たしていない」という主張も、「自然淘汰は進化における唯一の原動力である」という主張も明らかに間違っています。進化生物学者のアプローチはこのふたつの極論の間に位置していて、自然淘汰によってほとんどの形質の進化について説明できる、すなわち制約をほとんど無視できるとする適応主義に近いのか、それとも、進化における自然淘汰の貢献をもっと小さく見積もっているか、というグラデーションを描いています。

わが国には、日本進化学会・日本動物行動学会・日本生態学会といった、生物の進化を研究する人々が集う研究コミュニティがいくつかあり、幸いに研究者どうしの意見交換の場として機能しています。そこに集まる研究者はもちろんそれぞれ自分のスタンスがあります。近い立場の研究者どうしなら、質疑応答や懇親会の席での話がきっと盛り上がって、自分たちの研究アプローチがいかに正しいのか褒め合って、安心感に浸ることができるでしょう。しかし、こと適応に対するスタンスが異なる人どうしの会話となると、同じ現象を検討していてもしばしば意見がかみ合わずに、感情的にさえなってしまいます。というのも、ここで繰り広げられているのは「形質が適応的か」という生物学上の論争にとどまらず、「生物の進化をどのように捉えるのか」という研究者の根幹にある思想のぶつかり合いだからです。

なお、ここまで「適応主義」というひとつの研究スタイルを提示しながら最適化アプローチの説明などをしてきましたが、こうした学会の場において自らを「適応主義者」であると名乗る人はほとんどいません。「生物の形質は適応的な機能をもっている」というスタンスの研究者相手であっても、適応主義という言葉はほとんどタブーになっています。なぜならこの言葉は、制約重視派の陣営が、「なんでもかんでも適応に決まっている」と主張し続ける研究者のことを、皮肉をこめて言い表したことで広まっていったからです。いかなる形質やパターンであっても適応の結果だと捉えることは「適応万能論」として揶揄《やゆ》されたのです。適応主義的なスタンスがいかに新たな仮説を生み出し、科学を前進させたと胸を張れても、過去の論争の傷口と苦い記憶は完全には癒えていないのです。

適応主義というのはあくまでひとつの研究スタイル、あるいは研究アプローチの方針ですから、特定の生物を対象にした実証研究によって適応主義が正しいか間違っているかが決まるわけではありません。ただ、これから長い時間をかけて、さまざまな生物のさまざまな形質について適応と制約の効果が検証されていけば、適応主義というスタンスも正当に評価されることになるでしょう。

最後に、適応主義をめぐる緊張について、生物哲学者の松本俊吉《まつもとしゅんきち》博士の言葉を引用しておきましょう。

［適応主義をめぐる論争については］現代においても何一つとして最終的な決着はついていないし、おそらく今後もそうであろう。こうした原理的な問題が、何らかの新たな実証的データによって解決され、論争の当事者のどちらか一方の陣営が勝利宣言をして終わる、というような展開は、少なくとも筆者には想像しがたい。では、解決しないのなら論じても意味はないのか？　そういうことはないだろう。[7]

第二章　見せかけの制約

1　産みの苦しみをいかに和らげるか

ウラナミジャノメのふしぎな生活史

ウラナミジャノメという小さくて地味なチョウが西日本を中心に分布しています（口絵3）。ですが、もともと生息地が限られている上、近年では各地で生息地が減少しています。このチョウを狙って特定の時期に特定の場所に行かなければ、まずお目にかかることのない存在です。大きくて美麗な種であれば注目を集め、保全のための活動も活発になりますが、地味でマイナーな種は個体数が減ったところでなかなか注目されにくく、その行く末が大変気がかりなところです。

ところで、進化生物学は生態学と大きく関連しています。生態学は、生物をとりまく環境や他の種類との関係から生物の数や分布を明らかにすることを目指していますが、形質はまさにこうした環境や生物からの影響を受けて進化するからです。そこで本書でも生態学の視点を軸に、進化の謎について迫っていきたいと思います。

ふつう生態学の研究では、「身近にたくさんいる種類」を選ぶのが賢明です。そのほうが野外観察や室内実験で十分なデータを得やすいからです。では私はなぜあえてウラナミジャノメという稀少種を研究対象にしたのか。それは、生活史についておもしろい現象が知られていたからです。

昆虫が成長して繁殖するためには、ある程度の暖かさが必要です。そのため、緯度や標高が低くて暖かい地域では、一年のうち、成長と繁殖に費やす期間を長くとることができます。その結果、年に何度も卵→幼虫→蛹→成虫→卵というサイクル（世代）をくり返すことができます。この年間の世代数を、専門的には「化性《かせい》」と呼びます。反対に、寒い地域では短い夏の限られた期間で成長と繁殖を済ませなくてはいけないため、化性は少なくなる傾向があります。南北に長い日本列島では、多くの昆虫で「暖かい地域ほど化性が多い」という地理パターンが報告されてきました。「昆虫の生活史は温度で規定される」というのは昆虫学者にとってのいわば「教条」となっています。

ところがウラナミジャノメは、こうした常識に反する化性のパターンが知られているのです（図２－１）。たいていの地域では年に二回、六月と九月に成虫が出現します。しかし、

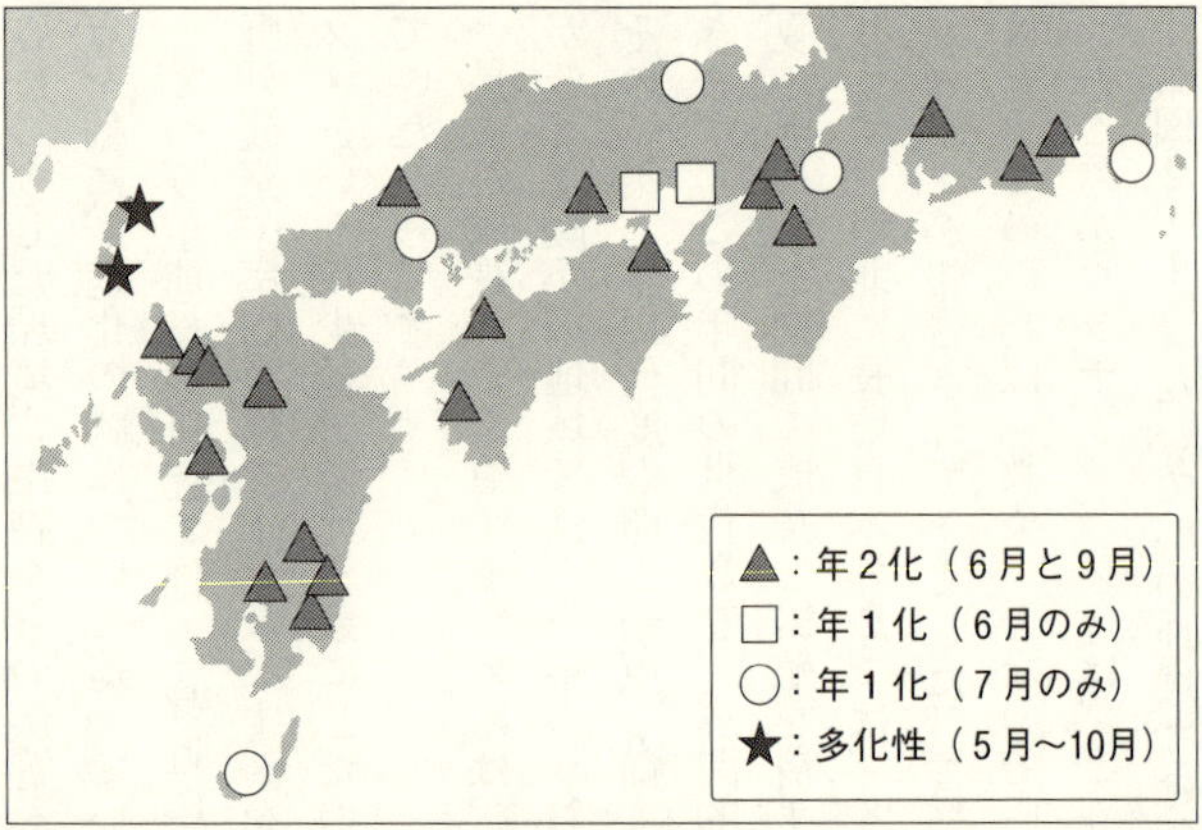

図２－１　ウラナミジャノメの化性の地理パターン

兵庫県南部の瀬戸内海沿岸では、六月だけに成虫が見られて九月には観察されません。また、伊豆半島・兵庫県北部・滋賀県南部・広島県西部・屋久島などでは、年一回だけ七月頃に出現する個体群が散在しています。さらに、長崎県沖の対馬では五月から一〇月頃まで断続的に成虫が見られるため、年に三回くらいは世代がまわっていると考えられています。

特に興味深いのは、姫路沖の家島《いえしま》諸島です。家島諸島には四つの大きな島、家島・男鹿島《たんが》・坊勢《ぼうぜ》島・西島があります。家島と男鹿島は直線距離にしてわずか二キロメートルほどしか離れていません。そのため、温度・日照時間・降水量といった気象条件はほとんど変わりません。ところが、家島のウラナミジャノメは年に二回成虫が発生するのに対し、男鹿島では年一世代にとどまっています（図2－2）。

地理的に近い場所で見られるこのような化性のパターンは、温度をはじめとした気象条件、すなわち「非生物的」な要因だけでは説明しにくそうです。おそらく、それぞれの地域に特有の「生物的な要因」、たとえば幼虫が食べるエサ（食草）の種類や質、競争相手である近縁種の有無などが効いているのでしょう。実際、家島と男鹿島では、ウラナミジャノメの生息地の景観はまったく異なります。家島では田畑の脇や雑木林の縁といった里山環境にウラナミジャノメがよく飛んでおり、京都や奈良など他の年二世代の生息地とよく似ています。

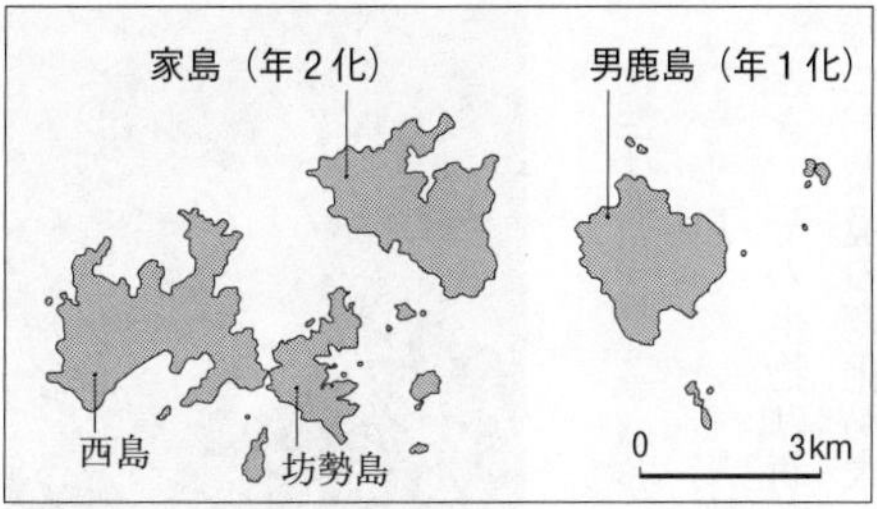

図2－2　家島諸島におけるウラナミジャノメの化性

一方で男鹿島の生息地は、岩がちな環境で里山のように植物は茂っておらず、すぐ近くでは埋め立てに用いる花崗岩が採石されています。ところどころにある湿地には野生のランであるトキソウ（図2－3）や食虫植物であるモウセンゴケの仲間など、特殊な植物が見られます。瀬戸内式気候で雨も少ないことも手伝って、ウラナミジャノメの食草はあまり生育しておらず、とても幼虫の成長に好適な環境とは思えません。そのような状

図２－３　男鹿島の湿地に生えるトキソウ

況の中で、ウラナミジャノメは年に二世代まわすことをあきらめ、年に一回だけ世代をまわすことで厳しい環境を乗り越えていると考えられます。

　それでは、近接する生息地であっても化性が異なっているというパターンは、どのような進化プロセスを経てきたのでしょうか。ここで適応と制約のせめぎ合いを考えてみます。

化性は進化しやすいか

　いま生息している場所の環境が変わったとき、あるいはこれまでとは異なる環境に進出したとき、その生物は新しい環境に自らの生活史をうまく対処させることができるでしょうか。特に、環境の変化が大きければ、それだけ生活史をすみやかに大きく変更しなければなりません。

　そこでまず、「化性は進化しやすい」という仮説を検討してみましょう。従来の環境にはうまく対処していたけれども、新たな環境に対処できないタイプは淘汰されてしまいます。しかし、新たな環境に対処できるタイプがもともと存在しているか、突然変異などでうまい具合に生まれれば、そのタイプがやがて集団中に広まります。この過程がまさに自然淘汰による進化です。ウラナミジャノメがかつて家島諸島に到着したとき、あるグループは家島の里山環境に、別のグループは男鹿島の酸性湿地に進出したでしょう。そのとき、家島では年二世代、男鹿島では年一世代の化性が柔軟に進化したというプロセスです（図2－4上）。

では代替案として、「化性は進化しにくい」という仮説を考えてみましょう。いくら生物が進化のポテンシャルを持っているといっても、あらゆる環境変動に都合よく対処できるとは限りません。温度が毎年徐々に上昇するといった段階的な変化であれば対処しやすいでしょう。しかし、家島と男鹿島のように環境が劇的に変わるような場合、すみやかに生活史を変更しようにも、無理なものは無理です。それではどうして男鹿島にはいま年一世代のグループが存在しうるのか。たとえば、どこか別の場所で（長い時間をかけて）年一世代に進化した集団が男鹿島にやって来たという解釈が考えられます。つまり、家島と男鹿島のウラナミジャノメは、同じ種類ではあるが遠い昔に分岐したまったく別の系統で、異なる化性をまわすよう

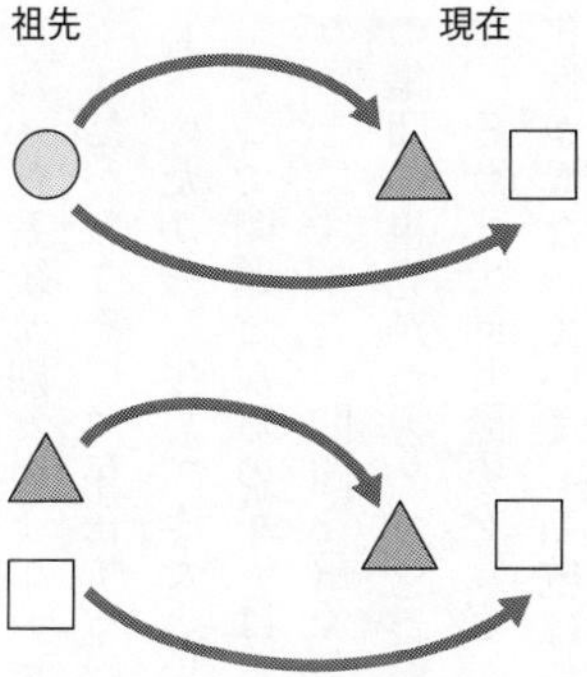

図2－4　**化性の地理パターンが生じるルート**　化性が柔軟に進化しやすい場合（上）と祖先の化性がマッチしてそのまま使われる場合（下）。異なる図形は異なる化性を表す

になった系統が別々のルートで進入してきたという考え方です（図2-4下）。「すぐに進化できたから」そこに存在するのではなく、もともとの化性と新たな環境が「たまたまマッチしていたから」生息できたといえるでしょう。

ここで問題となるのが、はたしてウラナミジャノメの化性は進化しやすかったのか、ということです。この問題を解くためには、化性と系統を比べる必要があります。系統とは、その集団の祖先がたどってきた歴史を意味しています。「化性が進化しやすい」仮説のもとでは、それまで同じ歴史をたどってきた集団が異なる化性へと分化していったわけですから、化性が異なっていても系統は似通っていると予測されます。対照的に、「化性が進化しにくい仮説」のもとでは、化性が異なれば系統も異なることが予測されます。

そこで日本各地でウラナミジャノメをサンプリングして分子系統（DNAの情報）を比較したところ、家島と男鹿島のような地理的にも近い集団どうしは系統も近いことが明らかになりました。つまり、「化性は柔軟に進化した」という仮説が支持されました。[1]

化性を支えるメカニズムとしては、幼虫時代における成長のスピードや日照時間（日長）に対する反応などが挙げられます。実際にウラナミジャノメを実験室で飼育してみると、個体ごとにそれらの反応に変異（ばらつき）が見られます。[2] 変異は、自然淘汰が起こるための重要な条件です。このような変異があれば、ある程度の環境変動に対処できるはずです（ただし、なぜそもそもウラナミジャノメにこのような変異が維持されているのかはよく分かっていません)。

ウラナミジャノメの例から、柔軟な進化(この場合は化性の変更)によってある程度の急激な環境変化にも対処できることが分かりました。近年、地球温暖化に対して生物の生活史や分布が対応できるのかという問題が盛んに議論されています。その中で、気候変動に柔軟に対応したケースもあれば、うまく対応できなかったケースも報告されています。しかし、ウラナミジャノメに限らず、生物の生活史にはある程度の変異が維持されていますし、毎年の気温変化はゆっくり進行しています。それを考えると、適応できなかった理由が単に制約だけに帰せられるというのは、なかなか納得できることではありません。気候変動に生物の季節性が対応しきれていないのであれば、自然淘汰のポテンシャルに反してなぜそうなってしまうのか、突き詰めて検討していくことが重要でしょう。

小さな親も大きな卵を産む必要性

さて、適応と制約をめぐる続いてのトピックとして、親と子の関係に注目してみましょう。母親はちょうどよい大きさの子を産めるのか、という問題に取り組んでいきます。

まずは京都におけるウラナミジャノメの生活史を見てみます(図2-5)。冬を越した幼

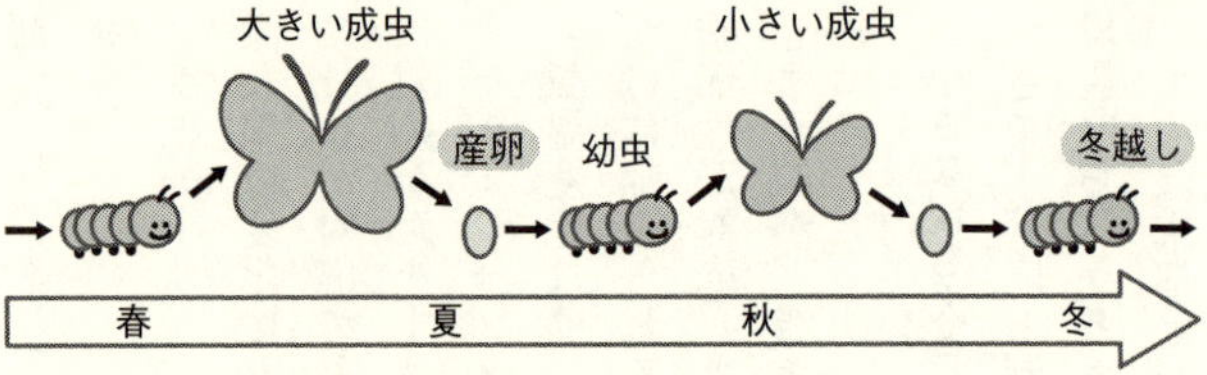

図2－5　ウラナミジャノメの年間スケジュール

虫は、春に暖かくなると成長を再開し、六月に一回目の成虫が出現します。成虫の寿命は長くないので、すぐに産卵を始め、その卵から孵《かえ》った幼虫が真夏の間に成長します。すると九月に二回目の成虫が羽化し、また産卵を行ないます。秋に孵化した幼虫は少し成長して、冬になって寒くなると成長をストップさせます。

このように年に二世代がくり返される地域では、六月の成虫のほうが九月の成虫よりもひと回りほど大きいことが知られています。成虫の大きさに影響を与えるメカニズムとしては、幼虫期間の長さが効いています。つまり、六月に出現する成虫は、その幼虫時代に（冬は休眠しているので除くとしても）秋と春を過ごし十分な期間を成長にあてられるため、結果として大きな成虫になります。対照的に、九月に出現する成虫は幼虫として成長できる期間が夏（六月から九月の間）に限られているので、比較的小さな成虫として羽化します。

ところが、どちらの世代の母親も、同じくらいの大きさの卵を産む必要があります。というのも、卵の大きさは幼虫の生存に関わっているからです。生まれたばかりの幼虫は、食草であるイネ科植物の葉に食いつかなければなりません。このとき、卵が小さいと生まれてくる幼虫の頭部も小さいため、硬い葉をうまく食べることができません。そのため、ある程度の大きさの卵が求められるのです。

卵の形

以上のように、成虫の大きさと卵の大きさはそれぞれ別の要因によって支配されています。この状況が成虫と卵の大きさの関係についてアンバランスさをもたらすことにつながります。すなわち、六月の成虫は体が大きいので問題ないにしろ、九月の成虫は体の割に大きな卵を産む必要があるのです。いくら大きな卵が必要だからといって、成虫の大きさには限りがあるので、九月世代の成虫は「きつくて」卵を産めていない可能性があります。昆虫の場合、産卵の「きつさ」は産卵管や卵巣小管の太さによって規定されるでしょう。脊椎動物の場合は骨盤の大きさが原因となっています。親の大きさが原因となって大きな(最適な・理想的な)サイズの子を産めないことを「形態的制約」と呼びます。

そこで、六月と九月にさまざまな大きさのウラナミジャノメを採集し、実験室で産卵させて、卵の大きさを計測してみました。[3] もし形態的制約が効いているとすると、小さい親は(大きい卵を産めずに)小さい卵を産んでいるはずです。ところが、九月世代の中で特に小さ

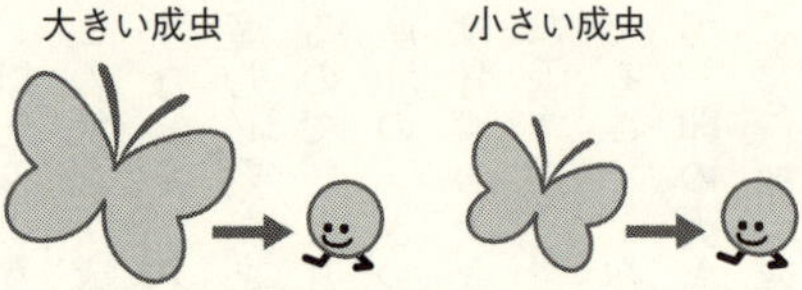

図2－6　**成虫の大きさと卵の大きさ**　小さい親も大きい卵を産んでいた

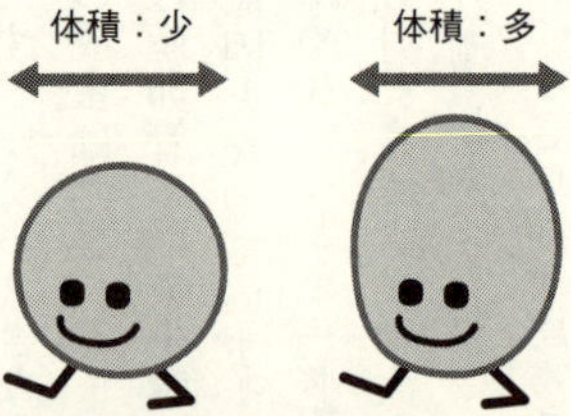

図2－7　**卵の形と体積**　縦長になれば、卵の幅はそのままでもより多くの体積を確保できる

い成虫でも、大きい成虫と同じくらい十分に大きい卵を産んでいたのです（図2－6）。つまり、形態的制約はそれほど重要ではないことが分かりました。

それでは、どうして小さい成虫も、大きい成虫が産むのと同じくらい大きい卵を産めるのでしょうか。私は卵の形に注目してみました。卵が縦長になればその分だけ幅（楕円体の短径）が短くなり、狭い産卵管を通りやすくなります（図2－7）。つまり、体積を稼ぎたければ、形を変更すれば対処できるのです。

そこで卵の大きさと形の関係を調べてみると、確かに小さい成虫が産む卵はより縦長になっていることが分かりました。もともと縦長の卵が生成されているのか、あるいは産卵のとき「むにゅっ」と押しつぶされて縦長になったのか今のところ分かりません。しかし、卵の形を変更することで容量を担保している、つまり形態的制約に対抗していると結論できます。

形態的制約の打破

ウラナミジャノメと同じように、小さい親が大きい子を産むために卵を縦長にしている例は他の生物でも見られます。

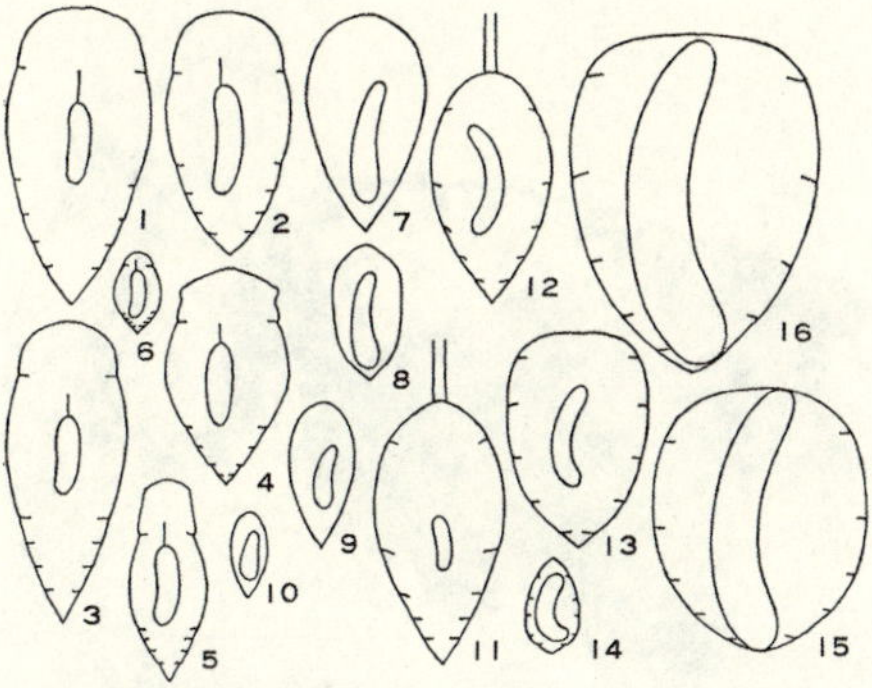

図２－８　**岩田久二雄によるスケッチ**　クマバチやドロバチの仲間の腹部とその中に入っている卵。大きな卵が縦長になって収まっている

「日本のファーブル」と称される昆虫学者の岩田久《いわたく》二雄《にお》は、『大きい卵』と題する論文（一九六七年）の中で、クマバチやドロバチのメスのおなかの中をスケッチしています（図２－８）。体の大きさの割に大きな卵を産む種では、卵がソーセージのように細長く、メスのおなかの中に曲がった形で収まっていることが分かります。こうすれば、産卵管が細くて窮屈であっても、卵の体積を十分に増やせるのです。

昆虫以外でも、小さい体で大きい卵を産む生物は少なくありません。その代表格は、ニュージーランド固有の飛べない鳥キウイでしょう。キウイの卵は、実に親の体重の二〇パーセントほどを占める巨大な

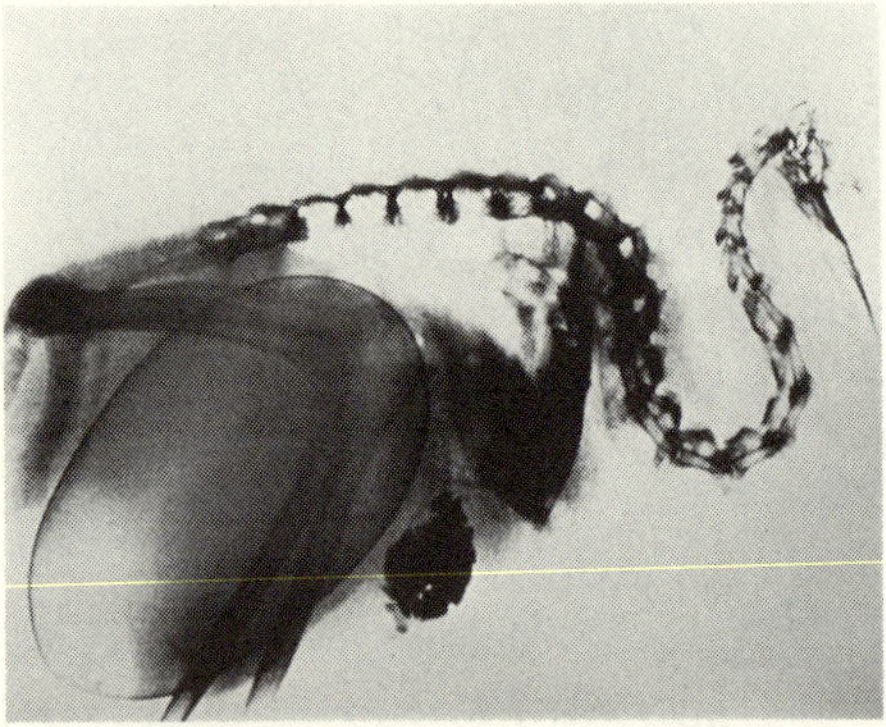

図２－９　**産卵を控えたキウイのレントゲン写真**　文献４を元に作成

ものです（図２－９）。クマバチほど極端ではないにしろ、スーパーで売っている鶏の卵と比べると、かなり縦長になっていることが分かるかと思います。

私たち人間も「産みの苦しみ」を和らげるためにクマバチやキウイと同じような方法で対処しています。赤ちゃんの頭は真ん丸ではなく、後頭部のあたりがやや伸びた形になっています。これは、赤ちゃんがお母さんの狭い骨盤からなるべくスムーズに出てくるように機能していると思われます。赤ちゃんに上着を着せようとするとき、頭の真上からかぶせようとするとひっかかってしまい、なかなか上手くいきません。ところが、後頭部のあたりから服を通すと、するっと着せることができます。この赤ちゃんの頭の形はもちろん、服を着るために設計されたデザインではありません。おそらく、出産時の形態的制約を緩和するための構造だと考えられます。赤ちゃんといえども頭部（脳）が大きい私たち人間は、こうした工夫によって骨盤の大きさや形による制約を乗り越えてきたのです。[5]

逆に、体の割に小さい卵を産む種類では、このような縦長の変化は見られません。小さい卵をたくさん産む生物といえば魚類です。イクラを思い浮かべてください。どれも縦長ではなくほとんど球形です。体の割に小さい卵を産む場合にはそもそも形態的制約がかからないので、卵の形を変更する必要がなかったのでしょう。

それでも、さまざまな種類で成虫の大きさと卵の大きさを比べてみると、確かに小さい親は大きい子を産んでいないことがあります。このようなとき、従来は形態的制約の存在が疑われていました。しかし、卵の形を縦長にすれば容量を維持できるのですから、いつまでも形態的制約によって不完全さを強いられているとは考えにくいでしょう。ですから、もし小さい親が大きい子を産んでいないようならば、形態的制約とは別の要因でそうなっている、つまり訳あってそうしていると考えるのが自然なのではないでしょうか（しかし、その別の要因が何なのかはまだ分かりません）。

目に見える制約は疑ってかかれ？

さて、もし制約があって、それが生存や繁殖に不利だとすれば、自然淘汰はそれを取り除くようにはたらきます。その結果、過去に重要であった制約は、現在では見えなくなります。生物哲学者のエリオット・ソーバー曰く、「自然淘汰は自らの足跡を消す傾向がある」のです。[6]

進化の研究を難しく、そしておもしろくしている理由は、この「目に見えないもの」を探ることに大きな意義があるからです。

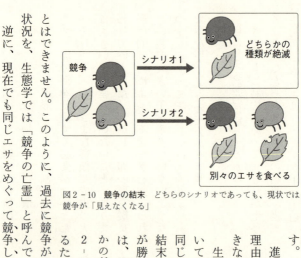

生態学の中心的な研究テーマである「競争」について考えてみます。異なる種類どうしが同じ場所で同じエサを食べるときには競争が生じます。競争の結末はふたつあります。ひとつ目は、どちらかの種が勝って、もう一方の種が絶滅すること。ふたつ目は、競争を避けるように互いの種（もしくはどちらかの種）がエサや生息場所を変更することです（図2－10）。どちらの結末であろうとも競争は無くなるため、現状では激しい競争を目の当たりにすることはできません。このように、過去に競争があったとしても現在では消えて見出せなくなる状況を、生態学では「競争の亡霊」と呼んでいます。[7]

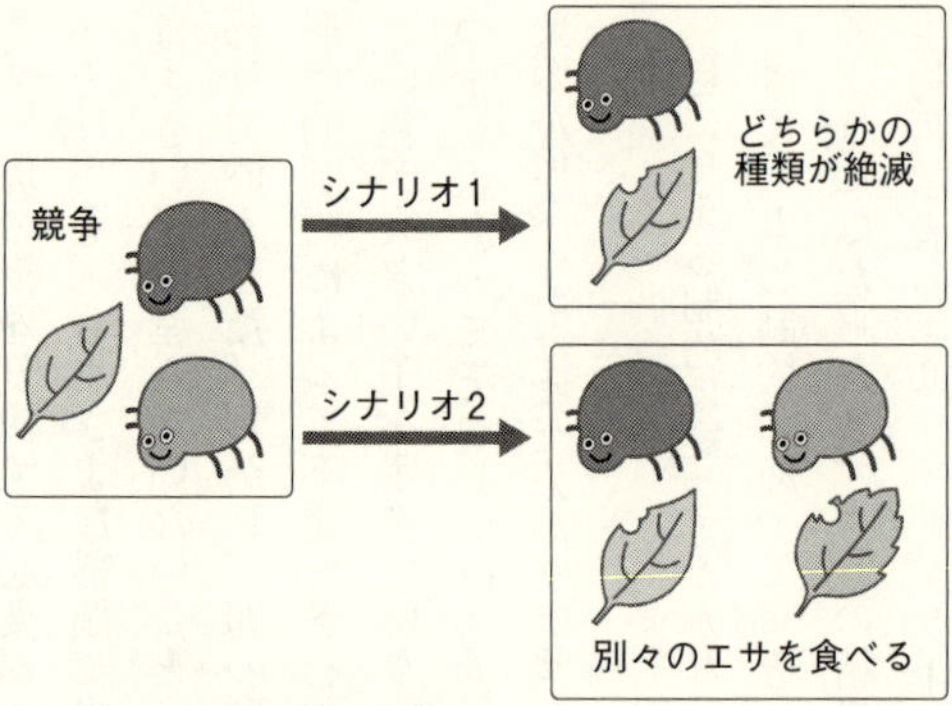

図2－10　**競争の結末**　どちらのシナリオであっても、現状では競争が「見えなくなる」

逆に、現在でも同じエサをめぐって競争しているように見えるくらいならば、取るに足らない競争だと考えられます。その程度の弱い競争関係なら、どちらかの種が絶滅するわけでも、互いに生息場所を分ける必要もないのです。すなわち、目に見える競争は生物の分布や生活に影響を与えていないということです。

適応と制約のせめぎ合いについても同じように考えることができます。もし現在も制約の、いい、いい、いように見えるものが残っているとすれば、それは生きる上で大した邪魔になっていない痕跡程度のものでしょう。

私たち人間が遠い祖先から受け継いだ痕跡といえば尾骶骨《びていこつ》です。私は尾骶骨が邪魔で仕方ないと感じた経験があります。私が学生時代に続けていた体操競技では、体幹を鍛えるための「ゆりかご」という特殊なトレーニング方法があります。手をばんざいにして仰向けに寝た状態から、少しだけ体を丸めた姿勢になり、その姿勢を保持したまま前後にゆらゆらと揺れます。これは体操競技に必要な「美しい姿勢」を養成するための練習です。このとき、寝ている床が硬いと、尾骶骨が押し付けられて痛くてやりづらくなるのです。このでっぱりがなければ、もっとスムーズにトレーニングを続けられるのにと思ったものでした。

私がこれまでに尾骶骨を邪魔に感じたのは、このゆりかごという非日常的な動作を行なうときだけでした。つまり、尾骶骨が残っていることによる不利益は多くの人には無関係で、生きる上での実害になっていません。だからこそ、尾骶骨は淘汰されず今に残っているのです。実害のないところまで淘汰された、と言い換えることもできるでしょう。

もちろん、すべての制約が即座に解消されるわけではありません。しかし、生物の形質には自然淘汰の絶え間ない審判が毎世代下されており、少しでも有利な形質は集団中に広まっていきます。そのため、完璧とはいかないかもしれませんが、現在みられる生物はとても精巧なデザインに仕上がっているのです。

孵化しない卵を産むテントウムシの不思議

ウラナミジャノメの卵サイズを対象に形態的制約について調べた私は、同じ論理をテントウムシにも適用してみました。ここではさらに、制約に対する過大評価を疑ってかかることで、適応にもとづいた新たな仮説を見つけ出した事例を紹介しましょう。

アブラムシを食べる肉食性のテントウムシの仲間は、黄色の卵を数十個まとめて卵塊として産みつけます。しばらくすると一斉に幼虫が孵化しますが、一部の卵は孵化が遅れるか、あるいは孵化すらしません（図2-11）。すると先に孵化した幼虫は、こうしたなかなか孵化しない卵を生涯最初のエサとして食べ始めます。同種の卵、しかも同じ母親から生まれた兄弟姉妹を食べているわけですから、この行動は「共食い」と呼ばれています。一部の卵が孵化しないのも、そして共食いが生じるのも、進化の結果です。では、なぜこのように進化したのでしょうか。

テントウムシは成虫も幼虫もアブラムシを旺盛に食べます。アブラムシは植物の汁を吸う害虫なので、それを食べるテントウムシは「益虫」として農業現場で利用されることもあります。蛹になる直前のずんぐりと太った終齢幼虫と同様に、孵化したばかりの小さな幼虫もアブラムシを捕食するれっきとした肉食者です。しかし、孵化して間もない幼虫はまだ運動能力が低いために、アブラムシをうまくハンティングできません。特に、体も大きくすばやく歩き回る種類のアブラムシは、テントウムシの幼虫にとっては手強いエサです。そこで、孵化した直後に共食いをすることで、幼虫は苦労することなく成長し、アブラムシを効率よく捕まえられるようにしているのです。

図２－11　**テントウムシの孵化の様子**　卵塊のうち、一部の卵は孵化せずに（矢印）、孵化した幼虫に食べられてしまう

また、アブラムシは幼虫のエサとして期待するには心もとない存在として知られています。テントウムシの母親は孵化した幼虫がハンティングしやすいよう、アブラムシのコロニー（群れ）の近くに卵を産みつけます。しかし、産卵から孵化までの間に、他のテント

ウムシや肉食性昆虫の幼虫がアブラムシを食べ尽くしてしまうかもしれません。また、雨などの気象要因によってアブラムシのコロニーが壊滅的なダメージを受ける場合があります。このように近くのコロニーが失われたとき、幼虫は共食いによってとりあえずの養分を摂取できるわけですから、遠くのエサにたどり着くまで飢えに耐えられます。多くの昆虫と同様に、テントウムシの母親は産卵後に子（卵）の元を離れ、その後もいっさい面倒を見ません。しかし、母親は不測の事態に備えてわが子に「お弁当」を持たせてあげていると見なせるでしょう。テントウムシの孵化しない卵は、母親からの幼虫に対する追加的な投資なのです。先に孵化した幼虫の栄養となるような、子の生存に役立つ卵は「栄養卵《えいようらん》」と呼ばれています。栄養卵はテントウムシの他に、カメムシやアリなどの昆虫、カエルやサンショウウオといった一部の脊椎動物にもみられます。[8] それほど多くの種で採用されているわけではありませんが、広い分類群にまたがっているという意味で普遍的な戦略です。

孵化しない卵は、母親が栄養卵として積極的に生産しているのではなくて、単に発生上のバグだと思う読者もいるでしょう。たしかに普通はほとんどすべての卵が孵化しますから、テントウムシの孵化しない卵の進化的な起源は発生上のバグだったのかもしれません。しかし、もしそのバグが遺伝し、かつそのバグを持った個体が生存に有利であったのなら、つまり適応的な機能を持っているならば、有用な形質として集団中へ広まっていきます。バグ由来であれ何であれ、自然淘汰はなりふり構わず「いいものを見つけて」生物に新たな戦略を備えつけていくのです。

形態的制約と栄養卵の進化

ここで、「なぜ共食いが進化したのか」、すなわち「なぜ栄養卵を産むのか」という問題について立ち止まって考えてみます。というのも、もし栄養卵が子への追加的な投資として機能しているなら、はじめから大きい卵として投資すればよいからです。「小さい卵と栄養卵」戦略と「大きい卵だけ」戦略では、一匹あたりの子への投資量（母親から子へ受け渡される栄養の量）は変わらないはずです（図2-12）。なぜテントウムシはあえて栄養卵という形で投資しているのでしょうか。

ここで登場するのが形態的制約です。つまり、母親はきつくて大きい卵が産めないがために、栄養卵を産むことで、小さい卵から孵った子に必要な量の栄養をまかなっているというアイデアです（図2-13）。栄養卵の研究では、古くからこの形態的制約が進化の背景にあると暗に仮定されていました。

しかし私はウラナミジャノメの研究を通じて、卵の大きさにかかる形態的制約はそれほど強くないと感じるようになりました。たとえ強い形態的制約があったとしても、自然淘汰の

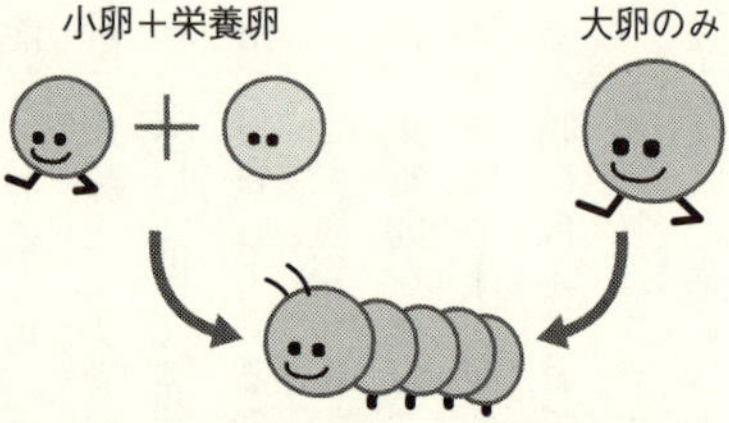

図２－12　「栄養卵」戦略と「大きい卵」戦略の比較　どちらも子一匹あたりの投資量は変わらない。文献９を改変

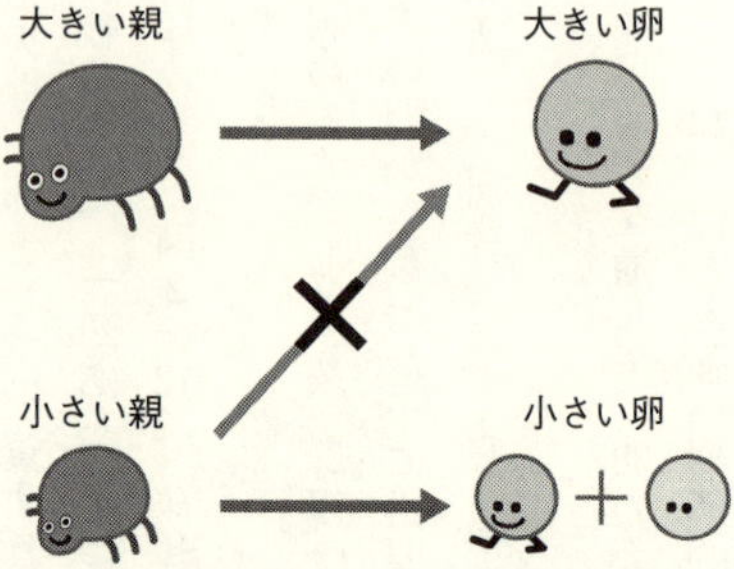

図２－13　形態的制約がもたらす栄養卵の進化　文献９を改変

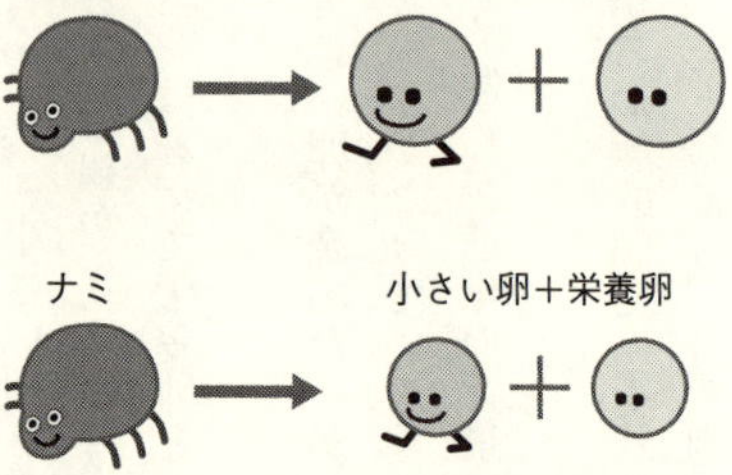

図２－14　ナミとクリサキにおける親のサイズと卵のサイズの比較　文献９を改変

結果、卵の形の変更などによって制約は緩和されていくはずです。したがって、形態的制約が栄養卵の進化を促した主要因とは見なせなくなります。そこで、栄養卵を産んでいるテントウムシにおいて形態的制約が重要かどうか評価してみることにしました。

ナミテントウ（以下、ナミ／口絵4）とクリサキテントウ（以下、クリサキ／口絵5）はどちらもアブラムシを食べる肉食性の昆虫で、ほぼすべての卵塊に栄養卵が含まれています。これら二種はもっとも近縁な種のペアであるため、何かの形質を比較するにはうってつけの対象となります。

種間比較で明らかになったことは、①成虫の大きさはナミとクリサキで変わらないこと、そして②卵の大きさはクリサキのほうがナミよりも大きいことです[9]（図2－14）。二種の成虫を大きさだけで区別することはまずできません。その一方、二種の卵を見比べてみると、ひと回りほど大きさが違います。

これらの事実から示唆されることは、ナミもクリサキ並みに大きい卵を産むポテンシャル（進化可能性）があるということです。近縁で同じ体サイズのクリサキが達成したことをナミもできると考えるのは自然でしょう。もちろん、ポテンシャルがあるからといって、ナミの成虫がいきなりクリサキ並みの大きい卵を産むことは難しいでしょう。しかし、世代をまたいで少しずつ形態が進化していけば、やがては少なくともクリサキ並みの卵サイズには近づけるはずです。したがって、ナミが栄養卵の戦略を採用している理由は、「大きい卵を産めないから」という消極的なものではなさそうです。

そうすると今度は、なぜクリサキは大きい卵を産めるのか、ということが問題になってきます。言い換えると、クリサキが形態的制約を緩和しているメカニズムは何か、という問題設定になります。そこで、メスを解剖して卵巣を観察してみると、大きい卵を産むための設計が明らかになりました。テントウムシのメスの腹部にはいくつもの卵巣小管が左右に分か

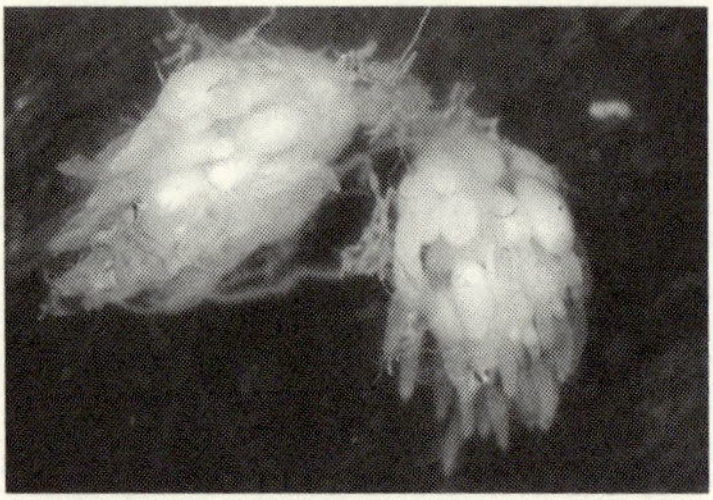

図2－15　クリサキの卵巣小管を解剖したところ　大澤直哉博士撮影

れて配置されていて、それぞれの卵巣小管で徐々に卵が成熟していきます（図2－15）。卵巣小管の数を比べてみると、クリサキのほうがナミよりも少ないことが分かりました。平均してナミには約四五本あるのに対して、クリサキには約三五本しかなかったのです。観察ではなかなか分かりませんでしたが、クリサキでは卵巣小管の数が減る分、一本一本の卵巣小管がおそらく「太く」なっているのでしょう。そうすることで、クリサキはナミと変わらない体サイズのままで、大きい卵を産むことができているのだと考えられます。卵巣小管が少なくなったということは、クリサキでは一度に産む卵の数が減ってしまいましたが、大きい卵を産むという目的は達成できたのです（その「目的」については次の章で詳述しましょう）。

以上のように、進化を通じて卵巣小管の数を減らせば、十分に大きい卵を確保できます。したがって、ナミもクリサキも、体のサイズを維持したまま栄養たっぷりの大きな卵を産めるよう進化できるのであって、きつくて大きい卵を産めないから栄養卵に頼っているわけではないのです。本当はもっと大きい卵を産めるけど、あえて小さい卵に栄養卵を追加しているといえるでしょう。

適応にもとづく仮説へ

暗黙の前提となっていた形態的制約を取り除いてやることで、それまで「解決済み」として脇に置かれていた問題が掘り返されてしまいました。これは科学にとって喜ばしいことです。真実に近づくルートを見つけたわけですから。

改めて、なぜテントウムシは大きい卵だけ産むのではなく、小さい卵に栄養卵を追加するという方式を採用しているのでしょうか。適応にもとづく要因であれ親の大きさとは別の制約であれ、新たな説明が求められます。

そこで私が考えたのは、環境変動の影響です。テントウムシの親は生涯に何度も産卵しますが、そのときごとに環境の状況がよかったりわるかったりします。ここでいう環境とは、エサの豊富さ・天敵の有無・気象条件といった、子の成長に関わる要因を総合して表現したものです。基本的に、子が成長するときの環境がよければ子に対する投資量は少なくて済みます。逆に、環境がわるければ親は子にたくさん投資すべきです。たとえば、エサが少ない状況では、大きい卵を産むか栄養卵を追加するかして子に多くの養分を投資しておけば、子は飢えに苦しむことなく順調に成長することができます。

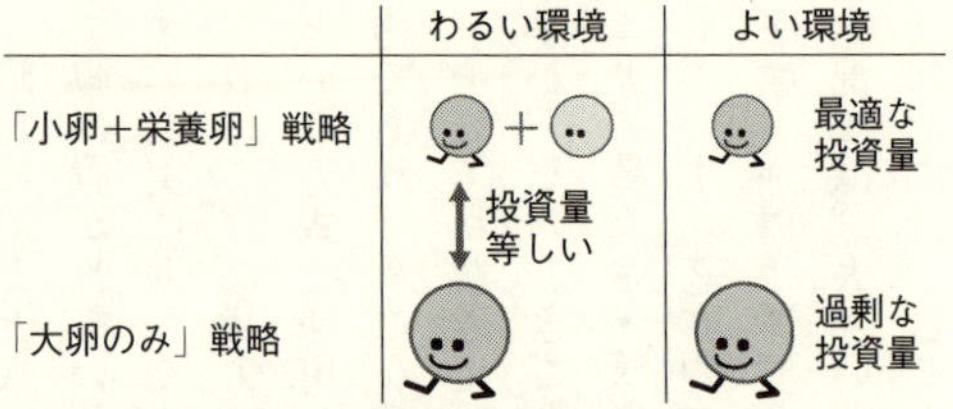

図2－16　**環境変動があるときの「栄養卵」戦略と「大きい卵」戦略の比較**　栄養卵を採用している場合（上）、柔軟に投資量を調整できる。それに対して、栄養卵を採用していない場合（下）、投資量が固定されてしまう。文献9を改変

このような前提のもと、「大きい卵のみ」戦略と「小さい卵＋栄養卵」戦略のメリットを比較してみましょう。まずは環境がわるく、子の成長にたくさんの投資が必要な場合です。このとき、「大きい卵のみ」戦略であっても「小さい卵＋栄養卵」戦略であっても、結局のところ母親は同じ量の養分を子に与えることができます。したがって、どちらの戦略を採用しようが母親にとっての損得（および子の生存率）は変わりません（図2－16）。

次に、環境がよく、子の成長にそれほどたくさんの投資を必要としない場合を考えてみましょう。このとき、「小さい卵＋栄養卵」戦略であれば、栄養卵を追加しないことで、ちょうどよい量の栄養を子に投資することができます。しかも、余った分の栄養を別の子への投資として用いることができます（もちろん、母親が状況に応じて栄養卵の量を調整できることが前提となります）。その一方、「大きい卵のみ」戦略では、わるい環境のときと同じように大きい卵を子に与えるしかありません（ある世代内では卵の大きさを自由に調整できないことが前提です）。よい環境にもかかわらずた

くさんの栄養をもらった子はラッキーといえるでしょう。しかし母親からすれば、特定の子に過剰に投資するくらいなら別の子にも栄養を分けてあげたほうが、より多くの子が順調に成長できることになります。つまり、「小さい卵＋栄養卵」は、たとえ環境が急に変化したとしても、投資量を柔軟に調整できる戦略であるといえます。逆に「大きい卵のみ」戦略は融通のきかない「固定された」戦略であるといえるでしょう（図２‐16）。

前述したように、テントウムシの主食であるアブラムシは季節や天候によってコロニーの大きさが激しく変動します。また、アブラムシにもさまざまな種類がいて、栄養的な質や捕まえやすさが異なっています。このとき、母親が正しく環境の質を査定し、かつその状況を栄養卵の供給量に反映できれば、「柔軟な戦略」として栄養卵が進化するでしょう。私はこの論理の妥当性を数理モデルによって確かめました。コンピュータ上で仮想の生物を作り、「小さい卵＋栄養卵」戦略と「大きい卵のみ」戦略のどちらがよいか比較してみたのです。すると予想通り、環境の変動がないときはどちらの戦略にも差がないのですが、よい環境にわるい環境が混ざってくると、より柔軟な「小さい卵＋栄養卵」のほうが有利になることが確認されました。[10]

実際のアブラムシを使った室内の実験でも、「栄養卵は環境変動に対処するため進化した」という仮説を支持する証拠が報告されています。[11]この実験のプロセスは以下の通りです。

ナミの母親を「よい環境（アブラムシのたくさんいるシャーレ）」と「わるい環境（アブラムシが少ししかいないシャーレ）」に入れて産卵させ、栄養卵の割合を比較しました。すると、わるい環境では栄養卵の割合が増えることが明らかになりました。詳しいメカニズムは分かっていませんが、ナミテントウはアブラムシの量に応じて栄養卵の供給を調整しているようです。だからこそ、孵化しない卵が単なる発生上のバグではなく、「母親の積極的な戦略」として捉えることができるのです。

実際には、環境変動のほかにも栄養卵の進化を促したと考えられる要因がいくつか挙げられています。たとえば、孵化してきた子どうしがケンカをしないように栄養卵でなだめておく、といったアイデアもあります。[12] もしかしたら、そちらの要因のほうが重要な役割を果たしたかもしれません。また、環境に応じて栄養卵の供給を調整できることが示されたのは、ナミテントウや一部のカメムシだけで、他のさまざまな種類で検証されているわけではありませんから、仮説の普遍性も明らかではありません。

しかしここで主張したいのは、形態的制約という暗黙の前提を取り除くことで、適応にもとづいた新たな仮説を提示するきっかけになったということです。栄養卵の進化に関しては、形態的制約という一応の説明があったせいで、「大きい卵で対処しない理由」について進化生態学者の思考が停滞していました。私はウラナミジャノメから始まった卵サイズの研究をひとつずつ進めることで、栄養卵という関連するトピックの謎の解明に貢献できたと考えています。

2　昆虫と植物の共進化

ウラナミジャノメとテントウムシの研究で見たように、一見すると制約が効いていそうな形質も、調べてみると生存や繁殖に大した影響がないことがあります。このような「見せかけの制約」は、進化生態学の研究でしばしば登場します。制約が見せかけかどうかを判別するには丹念な観察と実験が必要ですが、そこにこそ進化生態学の醍醐味があるといっていいかもしれません。ここでは、地道な研究の蓄積によって制約の支配力が取り除かれていった事例を紹介していきましょう。

スペシャリストを生む共進化

植物や昆虫の種類の多さは、陸上生態系の生物多様性そのものといっても大げさではないでしょう。この世界は緑であふれていますし、これまで発見された動物種の大半は昆虫です。興味深いことに、植物を食べる昆虫の多くが、限られた種類の植物だけを選んでいる「スペシャリスト」です。もちろん、さまざまな種類の植物を食べる「ジェネラリスト」の昆虫もいますが、どちらかというと少数派です。食べられる植物の選択肢が多いほうが生存に有利に思えますが、なぜほとんどの昆虫はスペシャリストなのでしょうか。

アメリカ合衆国の生物学者であるポール・エーリックとピーター・ハミルトン・レーブンはその記念碑的論文『チョウと植物の共進化』（一九六四年）の中で、「軍拡競走《アームズレース》」にもとづいた仮説を提示しました。[13] 植物は昆虫に食べられないように「毒」となる化学物質を葉に貯めこみます。すると昆虫は、その化学物質を体内でうまく「解毒」できるようなメカニズムを進化させます。植物も負けてはいません。今度は別の種類の化学物質を作り上げ、昆虫の食害から葉を守るように進化します。するとさらに昆虫は……という具合に、両者のせめぎ合いが続きます。

このように、異なる種類が互いに影響を及ぼし合って進化することは「共進化（coevolution）」と呼ばれています。共進化の中でも特に、植物と昆虫の関係は敵対的で、時間が経つにつれてエスカレートしていくことから、軍拡競走とも呼ばれています。政治的に対立する国どうしが相手に引けを取らないよう軍事力をどんどん強化していく様子になぞらえた表現です。

軍拡競走の末に昆虫と植物にはどのような関係が見られるようになるでしょうか。昆虫は敵対的な関係を結んでいる植物の化学物質にはなんとか適応しますが、別の進化の道をたどり、異なる化学物質を身に蓄えた植物にはうまく対処できません。そのため、それぞれの昆虫は特定の植物だけを食べるようになっているわけです。

特定のペアで軍拡競走が進むと、昆虫は別の植物を食べていたかつての状態にはもう後戻りできません。このことから、軍拡競走の結果としてスペシャリストとなってしまった状況は「進化の袋小路」と表現されます。共進化の歴史が現在のエサ選びを規定しているというわけです。これがエーリックとレーブンによる「共進化仮説」の骨子です。

共進化は、多くの昆虫がスペシャリストである理由を説明する大本命の仮説として受け入れられました。この仮説にもとづけば、ある昆虫は実際に利用している植物に含まれる化学物質にしか対応できず、他の種類の植物を食べられないということになります。そこでこの予測を確かめるために、植物に含まれる化学物質の分析やそれに対する昆虫の成長度合いについての研究が世界中で進みました。また、一九九〇年代に分子生物学の発展が進化生態学に浸透してくると、DNAの情報によって昆虫と植物の進化史を客観的に再構築する方法が確立されました。

かくして、エーリックとレーブンの論文が発表されて以降、共進化を検証するさまざまなデータが蓄積されましたが、データが増えるにつれ、共進化仮説から予測されるパターンにそぐわない結果も出てくるようになってきました。

その結果、一九八〇年代には共進化仮説に対する厳しい批判が展開されるようになるわけですが、これらの批判の内容を、「トレードオフの欠落」「代用食の利用」「系統関係の不一致」といったテーマを軸に説明していきましょう。共進化仮説をつぶさに検証していくことで、本章の主題である「進化にとって制約はどれほど重要なのか」を吟味することができます。

トレードオフ

共進化仮説から予測されるパターンとして「トレードオフ」があります。これは「あちらが立てばこちらが立たず」の関係で、ある特定の植物を食べることで成長するよう適応すると、その他の植物を食べても順調に成長できなくなるという状態を指します。ある植物と共進化の歴史を共にした昆虫は、その植物に含まれる化学物質しかうまく解毒できないためです。トレードオフが存在するかどうかは、昆虫にさまざまな植物を与えて成長度合いを計測すれば確かめられるでしょう。

たとえば、ミカン類を食べるアゲハチョウはキャベツやダイコンといったアブラナ科植物を食べられませんし、キャベツを食べるモンシロチョウはミカン類をまったく受けつけません。確かに、トレードオフは昆虫と植物のおおまかな関係においては成立しているようです。植物の種類はほとんど無数にあるにもかかわらず、スペシャリストの昆虫が実際に食べられる種類は限られているのです。

　では、もう一歩この問題に深入りしてみましょう。進化生物学でとりわけ重要なのは、近縁な昆虫どうしでなぜ異なる植物を食べているのかという問題です。これは生物多様性の問題とも直結します。というのも、「過去になぜ多くの種が生まれたのか」、そして「現在なぜ多くの種が共存できているのか」という問題に答えるためには、同じような環境に生活している近縁な種類どうしの比較が大切になるからです。つまり、先ほど例に挙げたモンシロチョウとアゲハチョウを比べるのではなく、モンシロチョウと同じ「シロチョウ科モンシロチョウ属」に含まれるスジグロシロチョウやエゾスジグロシロチョウと比べることが重要になります（図2－17）。

図2－17　モンシロチョウ（上）とスジグロシロチョウ（下）　よく似た近縁種どうしでは、トレードオフが見られないことも多い

　くり返しになりますが、共進化仮説

の予測では、昆虫はある植物に特化する代わりにそれ以外の植物を食べられなくなるはずです。ところが、植物に対する好みを近縁種どうしで比較してみると、トレードオフが必ずしも成立しない、つまり実際にはいろいろな植物を食べられることが明らかになってきました。

ゼフィルスの代用食

トレードオフが成り立たない例として、ゼフィルスと呼ばれるシジミチョウのグループを見てみましょう。ゼフィルスは、日本の温帯林に生息する大変美しいチョウです（口絵6）。梅雨時に羽化したゼフィルスは、幼虫のエサとなる樹木（食樹）の芽や枝に卵を産み付けます。そのまま越冬した卵は春に孵化し、幼虫は新芽を食べて成長します。ゼフィルスは主にブナ科コナラ属の植物を食樹としていますが、種類によって食樹の種類も異なってきます。たとえば、フジミドリシジミはブナ、ハヤシミドリシジミはカシワ、ヒサマツミドリシジミはウラジロガシをよく利用しています。サクラの仲間（バラ科）を食べるメスアカミドリシジミのような変わり種もいます（図2-18）。

こうした食樹のちがいは共進化のプロセスを反映しているのでしょうか。それを検証するためには幼虫の好み、すなわちトレードオフを調べればよいことになります。

ゼフィルスの成虫は梢高くを高速で飛び回るので、網で採集するにはかなり苦労します。

また、うまく捕まえたとしてもチョウが網の中で暴れてしまうので、エメラルドグリーンに輝く翅《はね》が擦れてしまうことも少なくありません。そのためチョウの愛好家は、美しい標本を作成するために、冬に食樹から卵を採集し、春に幼虫へエサを与えながら成虫まで飼育するテクニックを発展させてきました。

ブナやカシワといった樹種はゼフィルスの生息地である山麓や里山には生えているものの、都市部ではほとんど見かけません。そのため、都会に住む愛好家が毎日エサを用意するのはなかなか難しいものです。ところが、野外では食べることのない樹種であっても、飼育下で与えれば幼虫が順調に成長することが経験的に分かってきました。このような種類のエサは「代用食」と呼ばれ、昆虫学者にはおなじみのテクニックです。

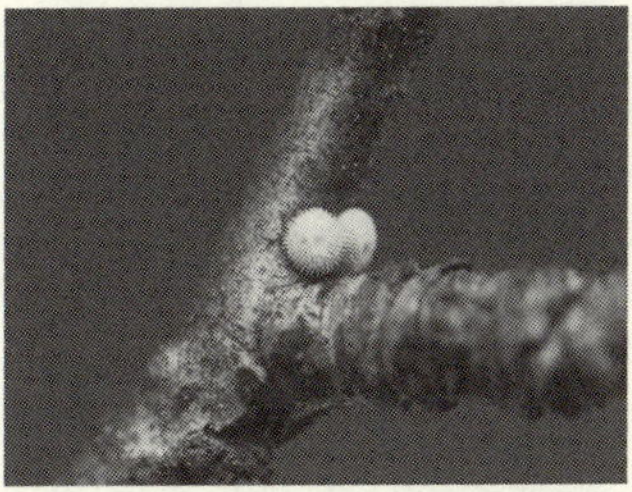
図2－18　サクラの木の枝に産卵されたメスアカミドリシジミの卵　戸苅淳氏撮影

蝶研出版から一九八九年に出版され、ゼフィルス好きのバイブルとなっている『スーパー採卵術』には、冬にゼフィルスの卵を見つける方法だけでなく、幼虫の飼育で利用できる樹種の一覧が載っています。それを見ると、野外では別々の樹種へ特化していったゼフィルスの仲間も、飼育下では実に多くの樹種で幼虫を飼育できることが分かります。野外でアカガシを食べるキリシマミドリシジミ、ウラジロガシを食べるヒサマツミドリシジミ、ブナを食べるフジミドリシジミ、ナラガシワを食べるヒロオビミドリシジミ、カシワを食べるハヤシミドリシジミは、すべてコナラとアラカシの葉を食べて成長できます。コナラは都市部でもちょっとした林道沿いや荒れ地に生えていますし、アラカシは生け垣によく使われているので、新鮮な葉をたやすく用意することができます。

こうした知見が蓄積されていった裏には、ゼフィルスの魅力にとりつかれた人々の試行錯誤があったのでしょう。彼らの情熱は結果的に、ゼフィルスでトレードオフが成り立たないことを示唆しました。すなわち、知らぬ間に共進化仮説の検証に貢献していたことになります。

アマチュアの愛好家だけでなく、プロの昆虫学者も意図せず共進化仮説をテストしていることがあります。もちろん、共進化仮説の検証を直接の目的としてトレードオフを調べた研究もたくさんあります。さまざまな種類で得られた結果を総合すると、共進化仮説からごく自然に導かれそうなトレードオフは、普遍的には成り立たないとするのがフェアな結論となるでしょう。[14]

親の好み

トレードオフは葉を食べる幼虫にフォーカスした概念でした。それに加え、共進化仮説からは成虫の行動についてのパターンも予測されます。すなわち、「成虫は幼虫の成長にとって好ましい植物を選んで産卵する」ということです。

成虫は翅があって自由に飛び回ることができます。その一方、幼虫（イモムシ）の移動能力は限られており、周りにさまざまな植物があったとしても自分の好みに合った種類へ簡単に乗り移れるわけではありません。そのため、葉を食べて成長するのは幼虫なのですが、実際に植物を選ぶのは産卵するメスの成虫になります。親が子の運命を決めると言ってよいでしょう。

「親が子の成長に適したエサを選ぶこと」は至極まっとうな選択ですから、直感としても理解できるかと思います。共進化仮説にもとづけば、「成虫は幼虫の好みを理解している」ことが予測されます。

しかし、ゼフィルスに代用食があったように、野外で利用しないエサでも幼虫が成長できる（トレードオフが成り立たない）ということは、つまり成虫の選択が幼虫の好みを必ずしも反映していないことを意味しています。

日本の昆虫生理学の礎を築いた石井《いしい》象二郎《しょうじろう》博士（一九一五〜二〇〇四）は、戦前から戦後にかけての食糧事情が悪かった時代、アズキゾウムシの食性について解明していきました。[15]

アズキゾウムシは貯蔵されている穀物を食い荒らす主要な害虫（貯穀害虫）で、成虫は乾燥した豆の表面に卵を産み、孵化した幼虫は豆の中にもぐりこみ、中身を食べてまるまると大きくなります。アズキゾウムシは個体数の変動や種間競争といった生態学の研究テーマの実験によく取り上げられ、モデル生物として日本の実験生態学を支えてきた昆虫でもあります。

アズキゾウムシの幼虫はアズキのほかに、ササゲ・エンドウ・ソラマメを食べても順調に成長します。ところが幼虫にも好みがあって、ダイズにもぐりこんだものはほとんど発育せず、最後まで成長したとしてもかなり時間がかかってしまいます。

それでは成虫が産卵する場所は、幼虫のこうした好みを汲み取っているかというと、そうではありません。石井の実験の結果、成虫は幼虫の成長に適していないダイズにも多くの卵を産み付けることが分かったのです。親は子の好みに応じて産卵する場所（この場合は、子の栄養となる豆の種類）をランク付けしているわけではなく、親の何らかの都合を優先しているように思われます。

なお、ゼフィルスの研究の陰にアマチュアの情熱と試行錯誤があったように、アズキゾウムシの研究が進んだ背景には、害虫の発生をコントロールしなければならないという実用上の使命がありました。同時に、幼虫と成虫の好みが一致しないことを明らかにしたこの精緻な実験は、一九六〇年代に発表されて以降、進化生態学の潮流となる共進化仮説の検証に貢献していたのでした。

親は完璧ではない

話はもちろんここで終わりません。なぜアズキゾウムシは成長に適していないエサを選ぶのでしょうか。これは共進化仮説の予測に合わないどころか、「最適な行動が進化する」とする適応の考え方にもそぐわないものです。親の産卵場所の好みと子のエサの好みに見られる不一致は、自然淘汰の限界だと解釈すべきでしょうか。

昆虫学者はアズキゾウムシなどの産卵行動を見て、適応や共進化にもとづいた予想に反して成虫と幼虫の好みが合わないことに戸惑いました。そして自らを落ち着かせるかのように、「幼虫は自分の好みのエサがあるところまで歩いて移動できる」「実験設定に不備があった」というような、不一致の原因を列挙していきました。[16] それらのうちで主要なものは、「親が子の好みをきちんと評価できず産卵行動に反映できていない」ことです。平たく言えば、親はそれほど賢くないということです。

たとえ幼虫に適したエサがあったとしても、それを成虫が認知できるように進化していないだけかもしれません。実際、自然淘汰が起こるには、子の好みを認知するための遺伝変異が必要なのです。また、自然界にはさまざまな形や匂いの植物があるわけで、メスの成虫はその「ジャングル」の中から適切に情報を取捨選択し、子の成長にとって好ましい正解を探し当てなくてはなりません。アゲハチョウの産卵行動を観察していると、メスの成虫は感覚器の付いている前脚で葉の表面を何度も触り、植物の成分をチェックしています。自分の食草ではないと分かったら次の葉へ移動しますが、正解であるはずのミカンの葉を入念にチェックしても、結局は産卵しないことが多々あります。昆虫のこうした慎重さは、かえって植物を見分ける能力の限界を示しているのかもしれません。そのため、ときには親が子の成長によくない植物に産卵してしまうこともあるはずです。以上が、「親の能力は完璧でない」ことを根拠として親と子の好みの不一致を説明する仮説の内容です。

実験者の制約

親が適応的に振る舞っていないようなとき、親の能力の限界という制約を持ち出すのは妥当なアプローチかもしれません。しかし、適応主義では基本的に「生物は適応している」という前提で研究しています。産卵行動以外の形質については適応の結果であると認めているのに、どうして産卵行動では最適化が妨げられたのか、何らかの説明がほしいところです。

親と子の好みが合わない原因として、昆虫ではなく、実験者に責任を嫁した解釈もあります。「幼虫の好み」を調べる際、ある植物を食べてどれだけの幼虫が生き残るか、どのくらいのスピードで成長できるか、どのくらいのサイズまで大きくなるかといった指標を調べます。「成虫の好み」は、成虫がその植物にどれくらい産卵するか調べます。しかし、本当に私たちはこれらの好みを正しく計測できるのでしょうか。

多くの実験は、野外の複雑な要因を排除するためにある程度理想的な条件を整えた実験室内で行なわれます。その整えられた環境の中で、ケースの中にいる幼虫や成虫に切り取った葉を与えて好みを計測します。となると、「野外では刻々と変化する気温や日照の影響を反映できていないのではないか」「葉を切り取ってしまったら、栄養分や化学物質の量が変わってしまうのではないか」「狭いケージの中に成虫を入れたら、産卵行動が不自然に変わってしまうのではないか」という問題が残ります。実験室では、自然界の状況を完全には再現できないのです。もし親が子の好みをちゃんと分かっていても、実験者がそれを正しく定量化できなければ「好みが一致していない」ように見えてしまうことになります。これは、実験者側の制約といえるでしょう。この考え方は、「自然界の状況を適切に反映した条件で実験せよ」という戒めとしては非常に重要なものです。

それでも、多くの種類で、いろいろな条件で実験して、いろいろな好みの指標を計測してもなお、親と子の好みの不一致は検出されてきました[17]。そのため、不一致の原因をすべて実験者の力量不足に帰してしまうのは苦しまぎれの言い訳になってしまいます。

では、ちゃんとした手法でデータを取って解析したのに、適応でも制約でもうまく説明できないときはどうしたらよいのでしょうか。このモヤモヤを打開するためには、まだ何かが足りない気がします。その合理的な解決策のひとつについては次章で解説することにしましょう。

系統のミスマッチ

さて、「昆虫はなぜスペシャリストなのか」という問いに対して、共進化仮説を検討しながら、適応と制約のせめぎ合いについて考えてきました。「ある植物に特化すると別の植物を食べられなくなる」とするトレードオフ説は代用食の存在によって否定され、親は必ずしも子にとって最適なエサを選択していないことが検証されました。次は、一九九〇年代以降に普及した、共進化仮説を検証するための強力なツールについて紹介しましょう。それは、「遺伝子解析」です。DNAの情報にもとづいて生物の系統を推定するこのテクニックによって、昆虫と植物が互いにどのように関わってきたのか、その履歴を再構築できるようになりました。

共進化仮説によると、昆虫は特定の植物と敵対的なパートナー関係を維持しながら少しずつ新たなエサに対応し、系統の近い（すなわち、似たような化学物質を含んでいる）植物を食べられるようになりました。そのため、昆虫が異なる植物へ適応していったプロセスは、植物が異なる種類の化学物質を生産するようになったプロセスと一致しており、系統の近い昆虫どうしは系統の近い植物を食べていることが予想されます。

ところが実際には、昆虫と植物が分岐していくパターンは必ずしも一致しないことが報告されてきました。たとえば、クルミ類の葉を食べるクルミホソガの幼虫では、ある系統がクルミ科とはかなりかけ離れたツツジ科のネジキを食べるように進化したことが分かっています[18]（図2－19）。このパターンは、植物の系統とは無関係に昆虫の食性が決まっていることを示しています。

図2－19　**オニグルミ（上）とネジキ（下）**
葉が変色している部分にクルミホソガの幼虫が潜っている。大島一正博士撮影

昆虫と植物の系統にみられるミスマッチは、歴史のどこかで、昆虫がパートナーだった植物に見切りをつけて新たなパートナーに乗り換えたことを示唆しています。つまり、スペシャリストの昆虫は「進化の袋小路」にはまっているのではなく、共進化の歴史を共

有していない植物にもうまく適応できたことを意味しています。

絶対共生系

パートナーの乗り換えは、極度に特殊化した「絶対共生系」と呼ばれる関係においても見出されています。絶対共生系とは、互いの存在なしには生きていけないスペシャリストどうしの関係を指します。イタドリハムシがイタドリの仲間だけを食べるように、ごく限られた種類の植物に特化したスペシャリストの昆虫はたくさんいますが、逆にその植物は昆虫がいなくても成長できるわけですから、このような関係は絶対共生系とは言いません。植物側も昆虫を必要としていることが条件です。

コミカンソウ科の植物とハナホソガ属のガは絶対共生系の研究で大きな注目を集めています(図2-20)。ハナホソガの幼虫はコミカンソウの果実の中で種子を食べて成長するスペシャリストです。一方、コミカンソウも繁殖にハナホソガを必要としています。コミカンソウの花は(昆虫にとっても)地味なうえに、普通の植物とは異なる特殊な形をしているため、花粉を媒介してくれる「送粉者(ポリネーター)」としてハチやハエといったジェネラリストを期待することはできません。しかし、ハナホソガの成虫はわざわざコミカンソウの雄花で花粉を集め、それから雌花に移動して受粉してくれます。このとき、コミカンソウはハナホソガをうまく雄花から雌花へと誘導するために、雄花と雌花で異なる匂いを出しています。[19]ハナホソガの立場にしてみれば、幼虫の成長にコミカンソウの果実が必要なわけですから、成虫は花が確実に受粉・結実するよう行動しているわけです。このような共生関係をもつコミカンソウ科植物は世界で約五〇〇種類知られており、基本的にそれぞれの種が特定の種のハナホソガとペアを組んでいます。

お互いに相手なしでは生きられないほど特化してしまった関係になると、別のパートナーに乗り換えることはかなりのリスクだと思われます。絶対共生系ほど「進化の袋小路」となりそうなケースは他になかなか見つからないでしょう。

コミカンソウ科とハナホソガ属の共生系で興味深いのは、これまでに一度も大陸とつながったことのない島（海洋島）にも特定のペアが分布していることです。火山活動などで誕生した海洋島には、はじめ動植物はほとんど生息していません

図２－20　ウラジロカンコノキの花（上）と産卵に訪れたハナホソガの一種（下）　岡本朋子博士撮影

が、やがて長い歴史の中で、偶然にもどこからか海を渡ってたどり着いた種類が定着していきます。たとえば、植物の種子なら鳥によって遠い場所から散布されることもあるでしょう。しかし、その植物や昆虫が絶対共生系の関係を持っていた種類の場合、やっとのことで島にたどり着いたとしても、共生のパートナーがいなければ繁殖を続けられないはずです。

ところが現実には、太平洋の海洋島にもコミカンソウ科とハナホソガ属のペアが分布しているのです。DNAの解析によれば、このペアは同時に海を渡ったのではなく、それぞれの種類が別々のタイミングで島にたどり着いたことが分かっています。[20] つまり、ペアのどちらかが先にたどり着いたときに、「もう人生これで終わり」とはならず、すでに生息していた別の種類と新たに共生関係を築いて島に定着したことが示唆されているのです。

もちろん、コミカンソウとハナホソガが海洋島へ渡ったほとんどのケースは失敗に終わったのでしょう。でもその挑戦のうち何度かは、一対一の緊密な共進化の歴史に拘束されず、柔軟にパートナーを変更したことで新たな島に定着できたのです。

分子メカニズム

昆虫と植物の系統関係から、何万年といった長い時間の間に生じた適応を見て取ることができました。しかし、昆虫が新たな植物とパートナーとしての歴史をスタートさせたとき、具体的にどのようなメカニズムで適応が実現したのか依然として分からないままです。ところが近年では、ありがたいことに、生物の適応に関わるメカニズムが分子レベルで詳細に明らかになってきました。

アフリカ大陸の東沖に浮かぶセイシェル諸島には、ヤエヤマアオキの実だけを食べるセイシェルショウジョウバエが生息しています。ヤエヤマアオキは健康食品として話題になっている「ノニ」のことです。「良薬口に苦し」というべきでしょうか、ヤエヤマアオキにはオクタン酸という毒が含まれており、通常の昆虫を寄せ付けません。一方、セイシェルショウジョウバエの幼虫はオクタン酸への耐性を獲得しており、メスの成虫はオクタン酸に引きつけられてヤエヤマアオキに産卵します。

キイロショウジョウバエをはじめとした近縁種は、いろいろな種類の「おいしい」果実を食べて成長しています。セイシェルショウジョウバエの祖先もそのようなジェネラリストだったはずです。それでは、セイシェルショウジョウバエはどのようにしてヤエヤマアオキに特化していったのでしょうか。

東京大学の松尾《まつお》隆嗣《たかし》博士は、遺伝学・生化学・行動学のテクニックを駆使した横断的なアプローチでこの問題に取り組みました[21]。その結果分かったメカニズムは、共進化仮説が予想していた状況とは異なるものでした。

ショウジョウバエ類の脚の先には味や匂いを感じるための「感覚毛」があり、さまざまな種類の「匂い物質結合タンパク質（OBP）」が含まれています。これらのタンパク質を作る遺伝子のうち、Obp57dとObp57eと呼ばれる二種類がオクタン酸への選好性、すなわちヤエヤマアオキの好き嫌いに関与していることが分かりました。キイロショウジョウバエや近縁種のオナジショウジョウバエの成虫では、これら二種類の遺伝子のはたらきによってオクタン酸を「苦い」と感じて避けます。その一方、セイシェルショウジョウバエの成虫ではこれらの遺伝子のはたらきが抑えられているため、オクタン酸に対しても「苦味」を感じずに引きつけられていきます。つまり、Obp57dとObp57eはオクタン酸に引き寄せられる役割を担っているのではなく、逆に「このエサはまずいぞ」という「バツ印」を付けるための遺伝子であることが分かります。

共進化仮説のもとでは、ある植物に特化するためには特別なメカニズムが必要だと仮定されていました。だからこそ、共進化の歴史を有する限られた種類の昆虫だけがその植物を利用できるのだと考えられていました。ところが意外なことに、セイシェルショウジョウバエの成虫がヤエヤマアオキを見つけて産卵するプロセスにおいて、何か特別なメカニズムを進化させる必要はありませんでした。むしろ、もともとあった遺伝子のはたらきを失うだけでよかったのです。もちろん、幼虫がオクタン酸への耐性を獲得するプロセスにはまた別の進化が必要だったはずですが、成虫の行動が簡単に替わることは進化の袋小路から脱する架け橋になったことでしょう。こうしたメカニズムの研究は、昆虫と植物のパートナーの乗り換えが容易に生じる理由について分子レベルでの整合性を与えてくれます。

一世を風靡したエーリックとレーブンの共進化仮説は、今なお根強く支持されており、たしかに植物と昆虫のおおまかな進化関係を説明するフレームワークとしては有効です。しかし、幼虫に代用食を与える実験（トレードオフの欠落）・成虫の産卵行動の観察・系統関係の解析・絶対共生系における食草の乗り換え・産卵行動の分子メカニズムの研究のなかで、共進化仮説にそぐわないパターンが次々と検出されました。昆虫は進化の袋小路から何度も抜け出したのです。

共進化仮説は「進化」と銘打っていますが、進化できないこと、すなわち「制約」を土台に据えた説になっていました。昆虫が他の植物に乗り移れないからこそ、特定の植物との緊密な関係が延々と続くことを想定していたのでした。

人口爆発と共進化

ちなみに、共進化仮説を提唱したポール・エーリックは厭世的な環境保護論者としても活動していました。ベストセラーとなった著書『人口が爆発する！』（一九九〇年／邦訳は九四年)は、地球の資源は有限なのでやがて人類の成長には限界がくると警鐘が鳴らされた時代に書かれたものです。この本で彼は、人類が天然資源をこのままのペースで利用し続ければ、食糧難から世界の多くの人が飢えに苦しみ、石油や金属などは枯渇し高騰すると訴えました。

おもしろいことに、エーリックは一九八〇年に学術誌上で、経済学者のジュリアン・サイモン（一九三二〜九八）とある賭けをしています。それは、レアメタルを含む産業上重要な金属である、銅・クロム・ニッケル・スズ・タングステンの（物価の変動を調整した後の）価格が一〇年後に上がればエーリックの勝ちで、下がればサイモンの勝ち、というものでした。

エーリックの予測は、見事に外れました。その間に世界の人口は八億人も増えたにもかかわらず、五種類すべての金属の価格は下がりました。特に、スズとタングステンに至っては価格が半分以下になりました。サイエンスライターのマッド・リドレーが『繁栄』（二〇一〇年／邦訳も同年）の中で楽観的に述べているように、貿易や集約農業、それにアイデアの交流やイノベーションを介して、人類は限りある資源を効率よく利用し、環境にあまり負荷をかけない代替の手段を開発してきました。その結果、エーリックが予測したような極端な貧困や飢餓、資源の高騰は起こりませんでした。

思うに、エーリックが唱えた共進化と人口爆発には共通した考えが潜んでいるのではないでしょうか。それは、「代替手段を想定せずに同じ作用が続く」というアイデアです。昆虫と植物の共進化では、互いが一歩も引かずに軍拡競走を絶え間なく続けていくと考えました。人口問題では、同じペースで人口が増加すれば、資源が枯渇して人類の繁栄が失速すると考えました。

しかし、昆虫は新たなパートナーとなる植物を見つけ出し、人類はエーリックが危機を叫んだ時代(それどころか、ほんの一〇年前)には想像もできなかったような革新的な技術を次々と発明してきました。現状の作用にかかるコスト(負荷)が大きいほど、代替手段を生み出す圧力は大きくなるのでしょう。

核兵器をめぐる本家「軍拡競争」についても、同じことが言えます。軍備拡張に費やされるコストは、往々にして、国民社会の基盤となる福祉や教育にかかる予算の犠牲のうえに成り立っています。そのため、国の大事だからといって国防を制限なく拡充していけば、国民から不満が出ても無理はありません。アメリカとソ連が核兵器開発を競い合っていた冷戦は、たしかに終焉しました。互いに疲弊するような相互作用は解消されやすく、今となっては過去の緊迫は見えなくなっているのです。

現代社会においてグローバルな問題はまだまだ山積みで、途方に暮れることもありますが、資源の枯渇や食糧難、核開発競争など、このままではいつか破綻を迎えると思われる事態を避けるために私たちは創意工夫を行ないます。昆虫や植物にしたって同じはずです。一見

「進化の袋小路」にはまりこんだように見えても、自然淘汰の過程で制約を飛び越えていくのであり、そうした力に私は関心を抱き続けているのです。

第三章　合理的な不合理

――あるテントウムシの不思議

一見すると不合理な現象にどう挑むか。これは本書を通じてのテーマです。前章では「制約があるから合理的でない振る舞いをするかと思ったら、実は制約ではなかった」事例について見てきました。制約ではないとしたら、合理的に見えない生物の振る舞いをどう解釈したらよいのでしょうか。本章では、私が取り組んでいるテントウムシの研究を紹介して、その謎に迫ってみます。

1　蓼食う虫も適応か

斑紋から見えた新たな種の「再発見」

テントウムシの代表格といえば、赤地に黒い点が七個あるナナホシテントウかもしれません。しかしナミテントウもその名に「並」とあるように身近な昆虫です。春先には花壇のユキヤナギにたくさんのユキヤナギアブラムシが発生するので、それを食べにくるナミテントトウを簡単に観察できます（口絵4）。ナミテントウは、ユキヤナギ以外にも多くの樹木を訪れてはさまざまな種類のアブラムシを食べる「ジェネラリスト」です。

ナナホシテントウではどの個体も同じ「七星」の斑紋があるのに対し、ナミテントウには、大きく分けて四つのタイプの斑紋があります。①赤地に黒い点があるタイプ（黒い点がない個体もいる）、②黒地に赤い点が二つあるタイプ、③赤い点が四つあるタイプ、そして④赤い点がたくさんあるタイプに分かれます（図3－1）。同じ種類でもかなり見た目が異なるのです。

このことから、斑紋がどのように遺伝するのかという問題を調べるために、古くからナミテントウは遺伝学の材料として用いられてきました。ショウジョウバエの遺伝の研究で著名な学者で、「生物学では進化の光がなければ何も意味をなさない」という名言を残したドブジャンスキー（一九〇〇～七五）も、科学者としてのキャリアのはじめにはナミテントウを扱っていました。彼は、ナミテントウに見られる四種類の斑紋タイプの分布がシベリアから東アジアにかけて徐々に変化していくことを発見しました。[1]

戦後には、日本列島でもナミテントウの斑紋タイプがどのような割合で存在しているのか明らかになってきました。日本の遺伝学の権威として知られる駒井卓《こまいたく》（一八八六～一九七二）は、南から北へ行くにつれて①の赤地のタイプが徐々に増えていくというパターンを検出しました[2]（図3-2／口絵7）。

その一連の研究の中、農業高校に勤めていた星野安吝《ほしのやすし》は、生徒とともにナミテントウの調

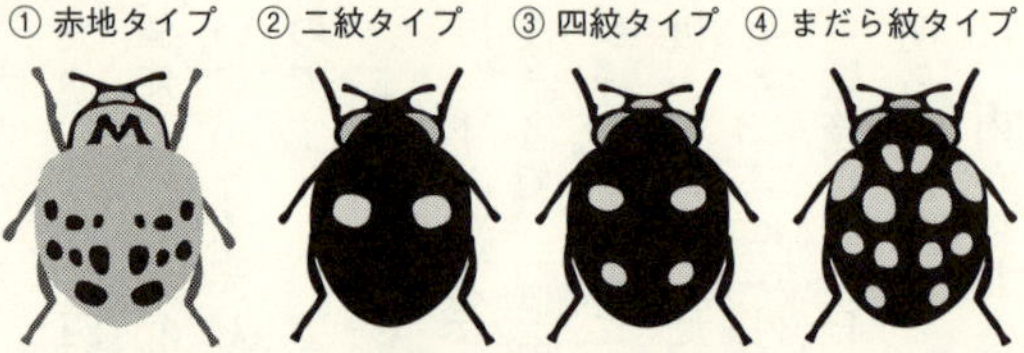

図3-1　**ナミテントウに見られる4つの斑紋タイプ**

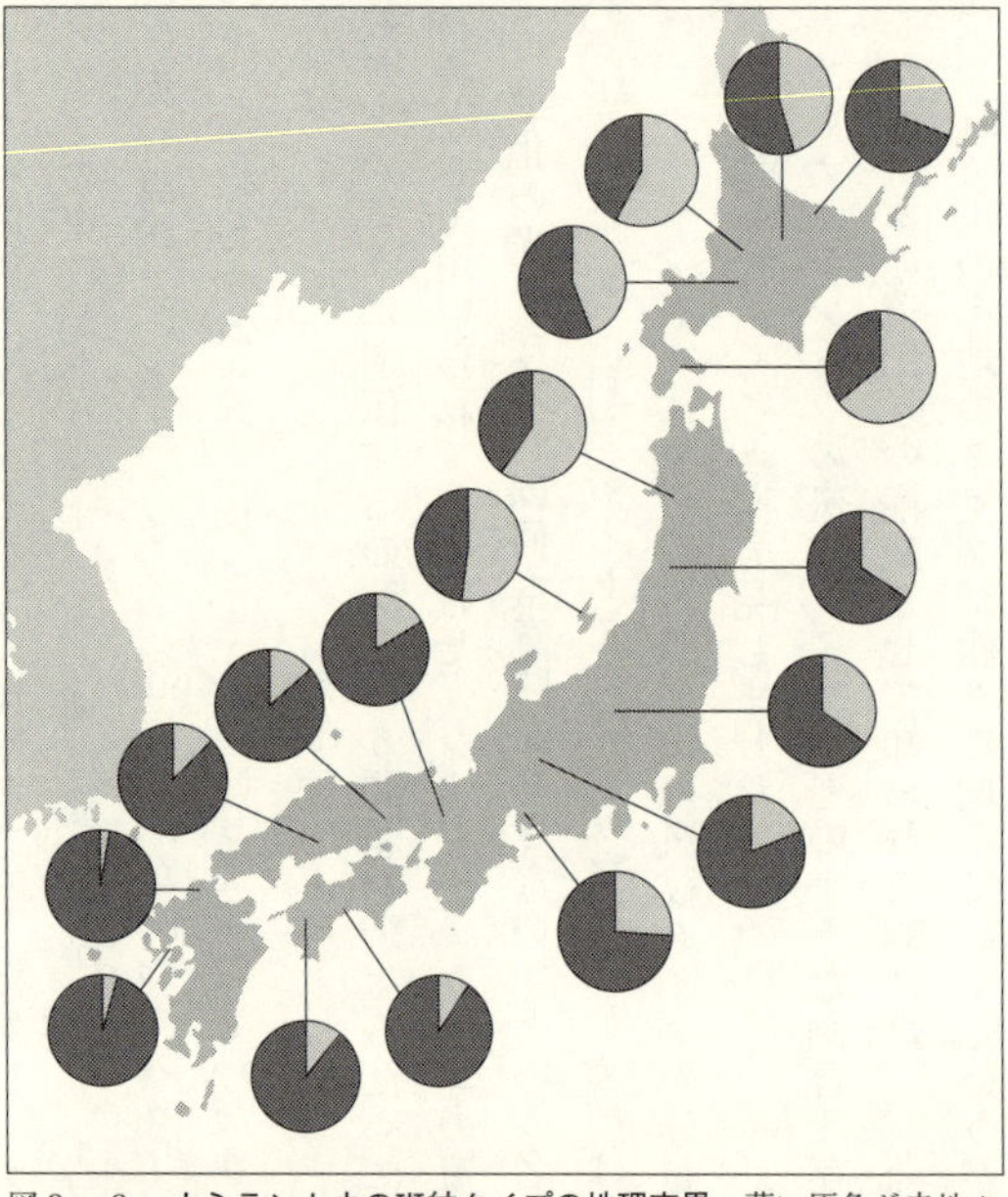

図3-2　**ナミテントウの斑紋タイプの地理変異**　薄い灰色が赤地タイプ、濃い灰色がその他のタイプの割合を示す。北に行くほど赤地タイプの割合が増えていく傾向がある。文献2のデータを元に作成

査を続けているうちに、愛知県のある松林において奇妙なパターンを発見しました。中部地方でもっとも割合が高いのは、②の黒地に赤い点が二つあるタイプであることが知られていましたが、松の木でサンプリングされたグループだけ、なぜか④の黒地に赤い点がたくさんあるタイプの割合が高かったのです。[3] 四種類のタイプの割合は、日本列島を南から北へなめらかに変化していくので、周囲と斑紋の割合が大きく異なる地域が存在するのは不思議なことでした。

その後一九七〇年代になり、どうやら松の木には、実はナミテントウではない別の種類が生息していることが分かってきました。松の木で発見されたそのグループにも、ナミテントウとは割合が異なるだけで、四つのタイプが含まれていました。成虫の斑紋ではなかなか区別できませんが、幼虫の模様ははっきりと区別できたのです（口絵11）。

当時、テントウムシをはじめとした甲虫の分類の研究で指導的な立場にあった福井大学の佐々治寛之《ささじひろゆき》（一九三五～二〇〇六）は、松の木の〝ナミテントウ〟の謎を解明すべく、両グループの間で交尾実験を行ないました。すると、ふつうのナミテントウと松の木のグループの間では、交尾は成立しましたが、卵はまったく孵化しませんでした。つまり、互いに子孫を残していくことのできない「別種」であると分かったのです。[4]

さて、未知の生物の発見となれば、通常は新種として新たに分類されることになります

（これを生物学の用語で「記載」といいます）。ところが、このナミテントウに似た、松の木にだけ生息するテントウムシはすでに記載されていることが判明しました。

日本の昆虫学の黎明期であった二〇世紀初頭、日本に生息するテントウムシを精力的に研究していた栗崎真澄は、松の木に生息するテントウムシの幼虫とその成虫を克明にスケッチし、学術誌に発表していたのです[5]（図3－3）。そのテントウムシは、まさに佐々治がナミテントウから区別した種でした。つまり、五〇年以上の時を経て「再発見」されたのです。

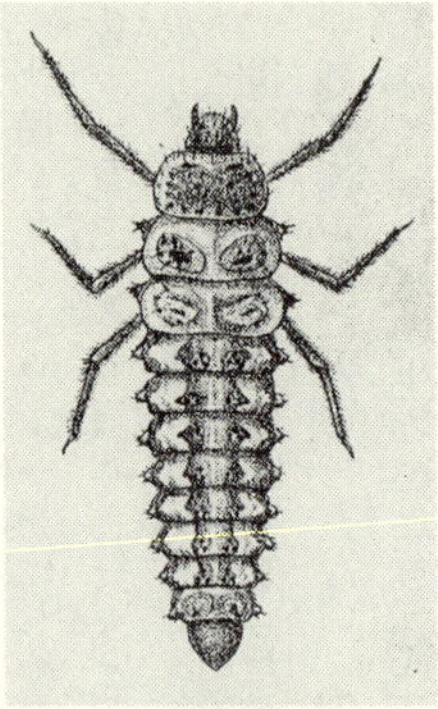

図3－3　栗崎真澄がスケッチしたクリサキテントウの幼虫　文献5を元に作成

昆虫についての情報が今より格段に少なかった時代、それ以降しばらく誰にも気付かれることのなかったテントウムシをただひとり認識していた栗崎の慧眼には驚くばかりです。その先見の明に心を打たれた佐々治は、そのテントウムシの和名を「クリサキテントウ」と名付けたのでした（口絵5）。調べれば調べるほど謎多き生態を持つこのクリサキテントウが、本章の主人公です。

不合理なエサ選び

クリサキテントウは、ナミテントウのようなジェネラリストではありません。松の木につくアブラムシだけを食べるスペシャリストです。海岸沿いに防風のために植えられているクロマツや、公園や大学キャンパスに植えられているアカマツで見つけることができます。クリサキテントウを再発見した佐々治はその後も研究を重ね、斑紋の遺伝の仕方や形態の特徴といった、この種類についての基本的な情報を蓄積していきました。

その佐々治にも分からなかったことが、クリサキテントウのエサ選びです。何が謎なのかというと、クリサキテントウが松の木のアブラムシに固執する理由が見当たらなかったのです。

テントウムシの研究を行なうためには、たくさんの幼虫を成虫まで育てる必要があります。幼虫の食欲はとても旺盛で、特に蛹になる直前の終齢幼虫は毎日かなりの数のアブラムシを食べます。このとき、クリサキテントウの本来のエサである松の木のアブラムシを大量に用意するのはなかなか難しいので、代わりに普段彼らが食べていない種のアブラムシを与えます。また、さまざまな栄養分を混ぜた人工飼料もよく使われます。

勘のよい方は、「代用食」について思い出したでしょう。前章ではゼフィルスの仲間を対象に、チョウの幼虫が自然の中では利用することのない植物でも順調に成長できることを説明しました。植物の葉を食べる昆虫だけでなく、テントウムシのような捕食者でも「実際はいろいろなエサを食べられる（けれど野外では食べていない）」というパターンがよくあります。クリサキテントウも代用食で問題なく育ちます。

ところが、この代用食を使って飼育できるという事実こそ、「なぜクリサキテントウは松の木にこだわっているのか」という謎を生んでいるのです。ここで佐々治が感じた疑問を引用してみましょう。

> クリサキテントウがナミテントウにきわめて近縁でありながら、ナミテントウがコムギ、ヨモギ、カエデ、マツ、モモなど広範な植物につくアブラムシを食餌としているのに対して、クリサキテントウはマツ類につくアブラムシだけに固執している。（中略）室内飼育ではヨモギにつくアブラムシでもモモにつくアブラムシでも、生理的にはまったく支障なく生育するのであるが、野外では、クリサキテントウは本州や九州ではアカマツ、クロマツにしかいない。なぜかと問われると、現段階では返答に苦しむ。
> それがクリサキテントウの種特異性だといってしまえばそれまでであるが、「なぜ」と追求してみる価値がありそうである。[4]

私の研究はこの問いからスタートしました。もし「生理的にはまったく支障なく生育」できるエサをそのまま野外でも食べているなら、生態学の問いにはなりません。野外では特定のエサに限定しているという、一見「不合理」に見える現象があるからこそ、実態と矛盾しないように既存の理論を見つめ直し、より合理的な答えを導くための研究が始まるのです。

アブラムシの捕まえやすさ

さて、クリサキテントウが普段松の木で食べているアブラムシは、マツオオアブラムシという種です（口絵12）。マツオオアブラムシがクリサキテントウにとってベストなエサであるなら、他のエサを（たとえ食べられたとしても）利用しないのは理にかなっているかもしれません。そこで私は、マツオオアブラムシや他の種類のアブラムシが、クリサキテントウの成長にどのくらい適しているか調べることにしました。

まずは「捕まえやすさ」です。というのも、マツオオアブラムシには他のアブラムシとは異なる、ある特徴があるからです。

たいていのアブラムシは群れでかたまっており、動くときはのそのそと歩きます。一見、テントウムシをはじめとした天敵に対して無防備のように思われるかもしれませんが、アブラムシはおしりから分泌する糖分（甘露）でアリを引き寄せ、ボディーガード代わりにします。また、背中に付いている角状管《かくじょうかん》と呼ばれる管から、ねばねばの液体を出して天敵に抵抗する種類もいます。

一方、マツオオアブラムシにしては長い脚を持っており、あたかもクモのようにすばやく動き回ります。普通のアブラムシを見慣れた人が観察したらきっと驚くことでしょう。マツオオアブラムシはすばやく動けるため、孵化して間もない小さなテントウムシの幼虫には手強いエサであると予想されます。

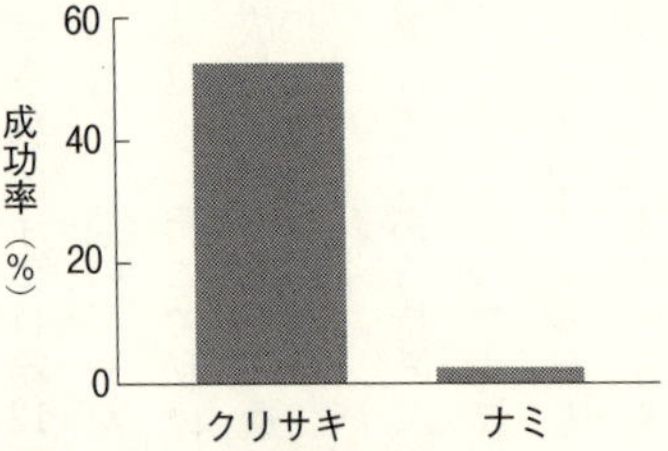

図3－4　クリサキテントウおよびナミテントウの孵化幼虫がマツオオアブラムシを捕まえられた割合　文献6を改変

実際に、ナミテントウとクリサキテントウの両方を使った実験で、孵化したばかりの幼虫にマツオオアブラムシを与えてみました。[6]すると、ナミテントウの幼虫は、マツオオアブラムシをほとんど捕まえられませんでした。噛みつこうと攻撃を仕掛けるものの、マツオオアブラムシに振りほどかれてしまいます。対照的にクリサキテントウの場合は、さすがスペシャリストと言うべきでしょうか、そこそこうまく捕まえられることが分かりました（図3－4）。

かといって、クリサキテントウにとってもマツオオアブラムシは決して捕まえやすいエサというわけではありません。比較のため、クリサキテントウの幼虫に、野外では出会うことのないアブラムシを与えてみると、やすやすと捕まえて食べるからです。すばしこいマツオオアブラムシに適応しているのですから、のそのそと歩く普通のアブラムシを簡単に捕まえられるのは当たり前かもしれません。となると、なぜクリサキテントウはこれらの捕まえやすいアブラムシを野外でもエサにしないのでしょうか。

栄養卵と「適応の代償」

クリサキテントウがなぜ手強いマツオオアブラムシに固執するかを考える前に、なぜクリサキテントウはナミテントウよりも上手にマツオオアブラムシを捕まえられるのか考えていきましょう。ここで注目したいのが、前章でも解説した「卵の大きさ」と「栄養卵」です。

クリサキテントウとナミテントウの卵を見比べると、前者のほうがひと回りほど大きいことが分かっていて、目で見ただけでもなんとなくどちらの種類か分かるくらいの差はあります[7]。さらに、クリサキテントウの卵塊のほうが孵化しない卵（栄養卵）を多く含んでいます。つまり、孵化した幼虫は、アブラムシをハンティングする前にまず栄養卵を食べて成長します。つまり、母親は卵の大きさと栄養卵という二つのルートで子に養分を投資していることになります。

次の実験では、孵化した幼虫ごとに、与える栄養卵の量を変えてみました[6]。その結果、栄

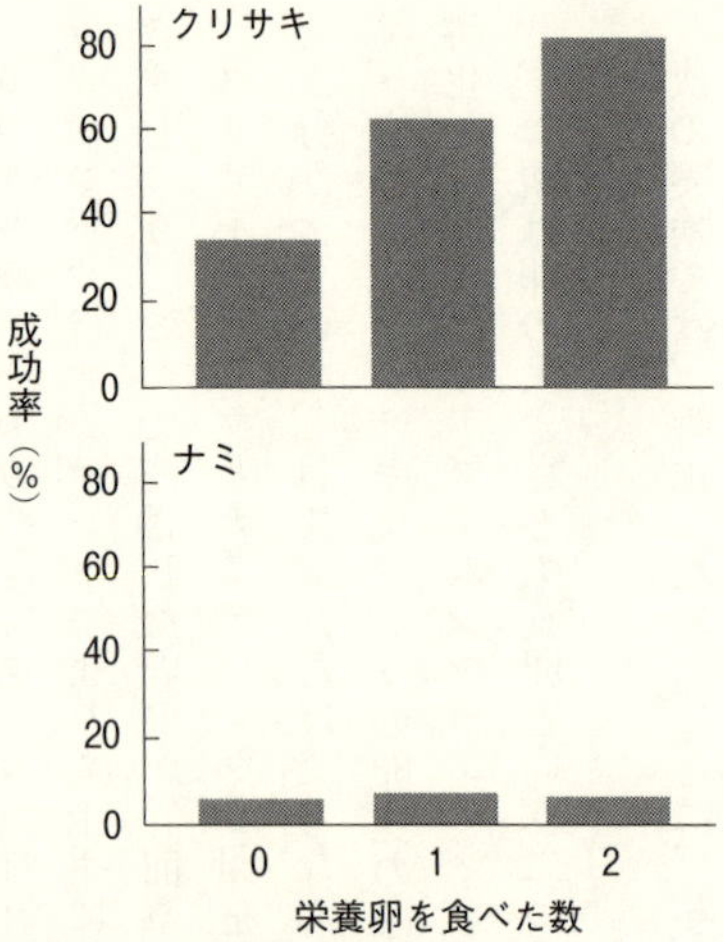

図3－5　**栄養卵の摂取がマツオオアブラムシの捕まえやすさに与える影響**　上はクリサキテントウ、下はナミテントウの孵化幼虫のデータを示す。文献6を改変

養卵を食べたあとのクリサキの幼虫はマツオオアブラムシをうまく捕食できるようになることが分かりました（図3－5上）。確かに栄養卵は、マツオオアブラムシに対する適応に大きく貢献していたのです。

　ここで重要なのは、子一匹あたりにたくさんの養分を投資することで、生涯に産める子の総数を犠牲にしていることです。クリサキテントウに限ったことではありませんが、母親は自分が子に与えられる養分を、複数の子にどう配分するかという選択に迫られています。これはケーキを切り分ける問題と同じです。切り分けるケーキの数を増やそうとすれば、それぞれのピースは小さくなります。逆に一つのピースを大きくしたければ、ピースの数は減らさざるを得ません。生物の場合、基本的にはたくさんの子を残したいはずです。ただし、産卵場所が生まれてきた子にとって過酷な環境である場合は、子の総数を減らしてでも、それぞれの子への投資を増やすしかありません。実際、クリサキテントウの卵塊から出てくる幼虫の数はナミテントウと比べると少なくなります。つまり、クリサキテントウはひとつのピースを大きく切り分ける戦略、ナミテントウはひとつのピースを小さくして数を増やそうとする戦略です。クリサキテントウはピースの総数を犠牲にしているわけですから、捕まえにくいエサに対処するための投資は決してタダではないといえます。

形態の特化と配分の問題

クリサキテントウと同じように、ナミテントウの孵化幼虫も栄養卵をたくさん食べて大きくなればマツオオアブラムシをうまく捕まえられるのでしょうか。前述したように、ナミテントウの卵塊にはそれほどたくさんの栄養卵が含まれていません。しかし、孵化してきた幼虫に実験的に栄養卵を与えてみると、自然界ではなかなか見られない「栄養卵をたっぷり食べたナミテントウ」を用意することができます。もし他の条件が同じなら、栄養卵を食べたナミテントウはクリサキテントウと同じようにうまくマツオオアブラムシを捕まえられるはずです。

しかし、答えは意外にもノーでした（図3-5下）。ナミテントウの場合、栄養卵をたくさん食べたとしてもマツオオアブラムシには太刀打ちできません。単に栄養を摂取して体が大

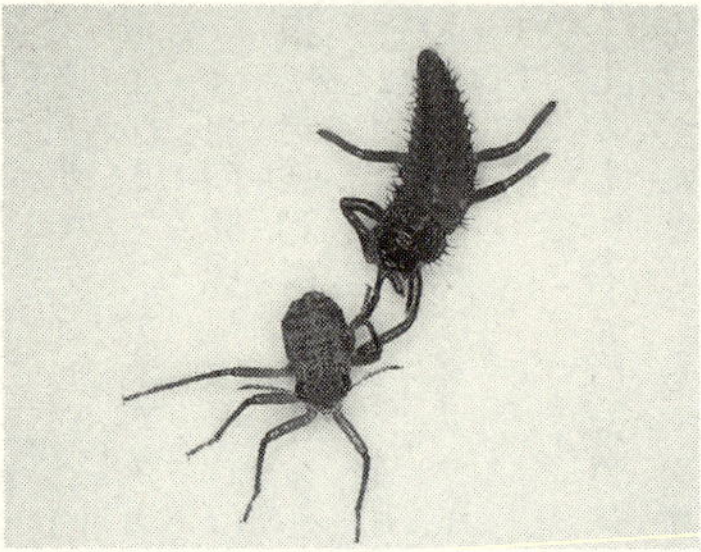

図3－6　クリサキテントウの幼虫がマツオオアブラムシを捕まえている様子　文献8より転載

きくなっただけではマツオオアブラムシ対策には不十分なのです。ここから分かることは、クリサキテントウはナミテントウにない「何か」を持っていて、それは栄養卵とともにマツオオアブラムシへの適応に欠かせないということです。

そこで次に注目したのは幼虫の形態です（図3－6）。クリサキテントウの幼虫は頭部が大きいため、エサに噛みつく力が強いはずです。また、脚が長いことも特徴で、おかげで速く歩くことができます。おそらく、投資量（卵の大きさと栄養卵）の多さと特異な形態が組み合わさって、すばしこいマツオオアブラムシに適応しているのでしょう。

しかし、マツオオアブラムシを捕食するために発達したこの形態も、犠牲の上に成り立っていることを忘れてはなりません。適応には犠牲が伴うのです。おおざっぱにいえば、個々の卵に含まれる養分は子が体を大きく成長させるために使われます。しかし、長い脚や大きな頭といった特殊な形態を作り上げる必要があるなら、卵に含まれる養分のうち成長に振りわける分を少なくしてでも、その形態のために養分を振りわける必要があります。「子の大きさ」と「子の総数」にかけ引きがあったように、卵の中の養分を「成長」と「形態」にどう配分するかという問題もあるのです。クリサキテントウでは、大きい頭と長い脚という特化した形態を作り出すのと引き換えに、成長の効率を落としていると考えられます。

アブラムシのおいしさ

さて、クリサキテントウはすばしこくて捕まえにくい獲物をわざわざ選んでいるわけですから、マツオオアブラムシはよっぽどおいしいのでしょうか。今度は「おいしさ」に目を向けてみましょう。この場合、おいしさとは甘い苦いという話ではなく、「子の成長に栄養面でどれだけ適しているか」を意味します。

植物と同じように、アブラムシも種類によって成分の種類や栄養分の量が異なれば、それを食べる昆虫の成長を左右するかもしれません。つまり、捕食者であるテントウムシは、捕まえやすさだけでなく、おいしさも加味してエサを選ぶ必要があります。

おいしさを評価するためには、テントウムシにアブラムシを与えて、どれくらい早く成長できるのか、そしてどれくらい大きく成長するのか計測します。しかし、それだけだと、捕まえやすさの効果を分離できません。たとえおいしいエサであっても、捕まえにくいからという理由で成長が遅れる可能性があるからです。ここではおいしさだけを評価したいので、

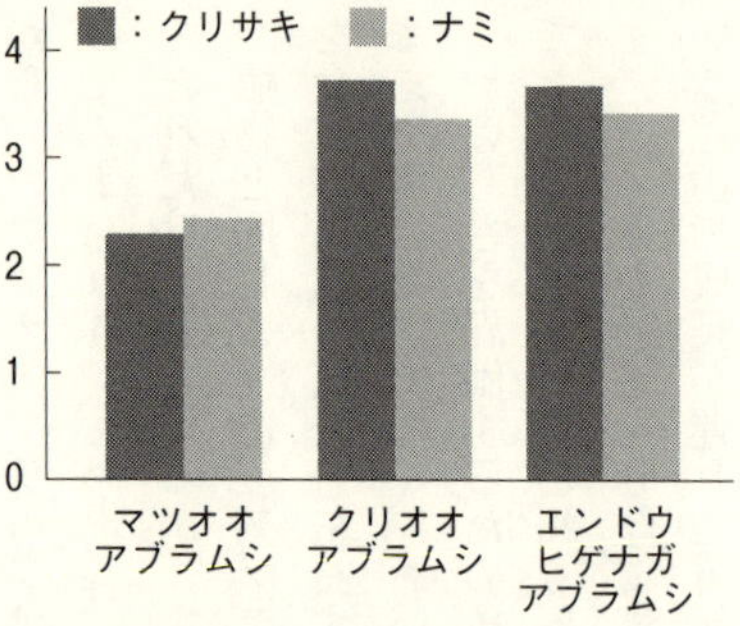

図3－7　クリサキテントウおよびナミテントウの幼虫がそれぞれのアブラムシを食べたときの成長率　文献9を改変

捕まえやすさについてはそれぞれのアブラムシで条件をそろえなければなりません。そこでアブラムシの動きを止めるために、アブラムシをいったん冷凍し、それからテントウムシの幼虫に与えることにしました。[9] するとクリサキテントウの幼虫は、野外ではいっさい出会うことのない、クリやマメにつくアブラムシを食べても順調に成長できました。それどころか、本来のエサであるマツオオアブラムシよりも他のアブラムシのほうが成長に適していたのです（図3－7）。マツオオアブラムシにはテントウムシの成長を阻害する物質が含まれているか、他のエサに比べて栄養分があまり含まれていないのでしょう。ほかの種類のアブラムシでも問題なく（むしろ、より順調に）成長できるのですから、マツオオアブラムシに含まれる何らかの成分が、クリサキテントウの成長に必須であるわけでもありません。クリサキテントウにとってマツオオアブラムシは、すばしこくて捕まえにくいだけでなく、どちらかというとおいしくないエサだったのです。

さらにエサの少なさも

最後にエサの量について考えてみます。テントウムシの幼虫が大きくなるためにはたくさんのアブラムシを食べる必要があるからです。多少捕まえにくくてもウジャウジャいれば捕食の成功率は上がります。それに少々おいしくなくても、エサをたくさん確保できていればうまく成長できるはずです。

春先、庭に植えてあるユキヤナギを観察してみれば、ひとつの新芽に一〇〇匹ほどのユキヤナギアブラムシがびっしりと付いていることに気づくはずです。その気になれば、ひとつの庭だけで一万匹以上の個体をカウントすることもできるでしょう（とはいえ、研究者でなければこのような真似はしないと思います）。この時期のアブラムシは、卵ではなくて、自分とまったく同じ遺伝子をもつ小さな幼虫（つまり、クローン）をどんどん産んでいきます。そうして生まれた幼虫は、植物の汁を吸って大きくなると、オスと交尾することなく、また次世代のクローンを産んで増殖していきます。これが典型的なアブラムシのコロニー（群れ）のイメージです。

ところが、マツオオアブラムシのコロニーはかなり小さいのです。アカマツの新芽が伸び始める頃、たしかにマツオオアブラムシはクローンで増殖し始めますが、群れていてもせいぜい一〇匹程度で、たいていは数匹のメンバーでまとまって生活しています（口絵12）。

これではテントウムシの幼虫にとってエサ不足になるリスクが高いはずです。つまりマツオオアブラムシは、捕まえやすさとおいしさだけでなく、エサの量という観点からしてもよいエサとは言い難いでしょう。

私が大学院生のとき、千葉県に住むある中学生から手紙がきました。彼は家の近所でクリサキテントウとナミテントウの生活を詳細に観察し、夏休みの自由研究として取り組んだり、地元博物館の会報に報告したりしていました（彼の研究によって、ナミテントウは集団になって冬を越しますが、クリサキテントウは冬も個別に暮らしていることが解明されました）。

マツオオアブラムシのコロニーの小ささに関して、進化生態学の常識に晒されていない彼の感想を以下に引用しましょう。「群れで生活しないマツオオアブラムシは葉の上に一頭でいることが多かった。ナミテントウの成虫や幼虫は茎や葉にびっしりとアブラムシがついた草にいて、それらを食べて生きているが、クリサキテントウはこんなにアブラムシが少なくて成長できるのかと疑問だった」。

私も、そしておそらく佐々治も、彼の感じた疑問を真に共有しています。進化生態学者として私にできることといえば、データと合理的な考えを組み合わせることによって暫定的な真実に近づくことでしょう。

以上の結果をまとめると、マツオオアブラムシはテントウムシにとって「まずい」「少ない」「捕まえにくい」という三拍子そろってひどいエサであるといえそうです。私たちの経済感覚でいうならば、まずくて食べづらくて高価なものにわざわざお金を払って毎日食べているようなものです。これでは、「マツオオアブラムシが成長にとってベストなエサであるから、クリサキテントウは松の木に特化している」という説明は到底成り立ちません。むしろ、食べると死んでしまうわけではないけれども、限りなく成長に不都合なエサへ特化しているといえるでしょう。

こんな罰ゲームのような生活は自然淘汰の結果なのでしょうか。進化は毎世代最適な個体を選び続けて、やがて洗練された行動を生み出すはずです。クリサキテントウは（前章で覆したはずの）制約によって適応が妨げられ、よいエサとわるいエサを区別できないままなのでしょうか。

とはいっても、ここでもやはり制約説は覆されねばなりません。実のところ、テントウムシの仲間はほとんどの種がジェネラリストで、さまざまな種類のアブラムシを食べて生活しています。その一方、松の木をはじめとした特定の樹木に特化したスペシャリストは少数派です。こうしたスペシャリストのテントウムシは、ジェネラリストの祖先から派生して生まれてきたと考えられています。つまり、ジェネラリストの祖先がもっていた形質をそのまま維持しておけば、松の木以外の樹木を訪れていろいろなアブラムシを難なく使えたはずです。実際、祖先の名残として、クリサキテントウは与えてやればさまざまなエサを食べて成長できるのです。エサ選びについての形質が「進化しなければ」そのままジェネラリストとして過ごしていけたところを、あえて進化が生じてスペシャリストになったのです。テントウムシのエサ選びにとってその原動力は何だったのか、スペシャリストの進化の本質に迫ってみたいと思います。

いやいや進化論

スペシャリストの生物に見られる特化した形態や行動は、生物学者やナチュラリストを魅了してきました。クリサキテントウの場合、卵の大きさ・栄養卵・幼虫の形態というように、マツオオアブラムシへ適応するためのアイデアを次々と見せてくれます。これらの形質を調べることで、生物が自然淘汰を通じて環境へ適応していくプロセスを理解できるのです。

しかし私の印象では、スペシャリストの適応は何らかの犠牲の上に成り立っています。これまで考察してきたように、栄養分や形態といった形質に集中して投資するためにはその分だけコストがかかるからです。そのため、私たちが「すごい進化」だと感じる現象の多くは、そもそも実は「いやいや進化してきた」のではないかと考えています。そうすると今度は、そもそもなぜそこまでして特殊な環境を利用しなければならないのかという疑問がわいてきます。クリサキテントウ以外の例も見ておきましょう。

たとえば、互いにスペシャリストの関係にある花と昆虫（送粉者／ポリネーター）の関係について考えてみましょう。ダーウィンは、園芸家から送られてきたマダガスカル産の着生ランの中に、距《きょ》（花蜜がたまっている細長い筒状の器官）が極端に長い種類を発見しました。そこで彼は、ロンドン・キュー植物園の親友であるジョセフ・フッカーに宛てた手紙の中で、「なんてこった！」という驚きとともに、とてつもなく長い口吻を使って距の奥にたまった蜜を吸うことのできるガが存在しているはずだと予言しました。ダーウィンの死から二〇年以上経った一九〇三年、翅を開いた大きさが一六センチほどにもかかわらず、口吻の長さが二〇センチもあるキサントパンスズメガがマダガスカルから発見されました。ダーウィンの予想は見事に的中したのです。ちなみに、単に標本が得られただけでは、このスズメガが野外で本当にランの花を訪れているのか定かではありません。長い口吻をもつスズメガが長い距をもつランから吸蜜しているシーンが写真に収められたのは一九九二年のことで、ダーウィンがポリネーターの進化について考えをめぐらしてから一三〇年の歳月が流れていました[10]（図3-8）。

たいていの花は複雑な形をしておらず、ハエやハチを含むジェネラリストのポリネーターに花蜜を吸ってもらいやすい構造になっています。それにもかかわらずこのスズメガが特定のランに特化していった背景には、きっと口吻を長くしなければならなかった事情があるのでしょう。また、ランの立場にしても、極端なまでの器官を作り、さらにポリネーターを限定してしまうには、よっぽどの理由があるはずです。どちらも、これほどまでに大きな器官を作るためには、その分の余計なエネルギーが必要だからです。スペシャリストであることのデメリットを考えると、いやいやスペシャリストに進化したのではないかと私は想像しています。

図3－8　距の長いランから吸蜜するキサントパンスズメガ　文献11を元に作成

競争論争

遺伝や発生にかかわる制約がクリサキテントウのエサ選びを制限しているわけではないとしたら、クリサキテントウが成長に適したエサを食べられない理由は何なのでしょうか。こうした状況を説明するとき、生態学では「競争」を考えるのが定石でしょう。複数の種が同じエサを食べている場合、エサが足りなくなると他種間で奪い合うことになってしまいますから、どちらかの（もしくは双方の）種が別のエサを食べるように強いられます。その結果、本来は成長にとってベストなエサを選びたいのに、競争のせいでセカンドベストなエサを食べざるを得ない状況に陥る種も出てくるはずです。クリサキテントウもまた他の種に追われて、まずいマツオオアブラムシを食べざるを得ない境遇に陥ったのかもしれません。

競争は生態学の根幹をなす概念です。どんな生態学の教科書にも競争についての解説が載っています。ですから、その効果が十分に実証された概念だと思われるかもしれません。ところが、競争は生態学の世界でもっとも論争の激しいテーマでもあるのです。

昆虫と植物の共進化の妥当性について議論が始まった（第二章第二節）のと同じ一九七〇年代、競争の役割も疑問視され始めました。この頃は生態学のフレームワークが出来上がってからしばらく経った時代であり、野外の観察と室内の実験も含めてさまざまなデータが集まってきて、基本的な仮説を見直す機運が高まっていたのでしょう。ここでは競争を批判する根拠をいくつか紹介します。

同じエサをめぐって争っているということは、成長するために十分な量のエサがなくなってしまうということです。ソメイヨシノの葉が毛虫（モンクロシャチホコ）に食い荒らされて、枝だけになってしまうのをみると、たしかに複数の種類が同じエサを安定して使い続けるのは難しい気がします。

しかし、立ち止まって植物の世界を眺めてみてください。昆虫をはじめとする無数の動物が植物（葉）を食べて生活していますが、それでもまだ葉は生い茂っています（食物連鎖のなかで植物は「生産者」と呼ばれ、それらを食べる昆虫や小動物のことを「一次消費者」といいます）。彼らがかじっている葉は、植物全体からしてみればごく一部にすぎず、世界は緑にあふれているのです。足元にも目を向けてみましょう。土壌には落ち葉を食べて生活している生物がたくさんいます。緑の葉があり余っているということは、その結末として、たくさんの落ち葉が植物から供給されることになります。つまり、いずれの場合でも、十分な量のエサが食い尽くされることなく余っていません。

エサが余っているのであればそれを食べる昆虫や動物たちはどんどん増えていきそうなもので、それにもかかわらず生産者が食い尽くされない要因についてはいろいろと議論があるところです。有力な仮説としては、天敵や病気によって一次消費者の数が抑えられていることが挙げられます。動物たちはエサ不足になってぎすぎすしながら暮らしているのではなく、食べるものにはそれほど困らない状況で、天敵からの逃避や交尾相手の探索といった日々の課題を乗り越えていっているのです。

プランクトンのパラドクス

次は水の中の世界をのぞいてみましょう。池の水をひとすくいして顕微鏡で観察すれば、ミジンコや珪藻《けいそう》といったプランクトンがうようよいるのが分かります。生物多様性の豊かさを実感できる体験です。

競争についてのシンプルな理論にしたがえば、ある環境（エサ）を使えるのは一種類の生物に限られていくはずです。その環境をもっとも効率よく利用できる種類のみがどんどん増えていき、やがてその環境を独占し、他の種類を排除してしまいます。何種類もの生物が一緒に暮らすためには、それだけ多くの異なる環境が必要になります。

ところが、池の中はとても均質な環境です。競争が起きないように「区画化」しようとしても、隣り合った区画で池の水は混ざり合い、その境界線は溶け合ってしまうでしょう。もちろん、池の水面近くと底というように、おおまかに環境が異なる区切りもあるかもしれません。しかしその程度の大まかな区切りでは、プランクトンの多様性を説明するには無理があります。ここに見られる理論と現実の齟齬は「プランクトンのパラドクス」と呼ばれ、生態学にとって解明すべき謎となっています。[12]

プランクトンのパラドクスは何も水の中の生物だけに適用できるわけではありません。歩みを戻して、植物にあふれる森を再び眺めてみましょう。関東地方の雑木林にはコナラがたくさん見られますが、その他にもクヌギやアラカシ、エゴノキ、ホオノキ、アオキといった多様な樹種が同じ場所に生えています。熱帯であればもっとたくさんの種類の樹木が同じ地域に生育しています。

それでは、これらの樹種は異なる環境に分かれて暮らしているのでしょうか。そうとは思えません。土壌の質や光環境によってある程度は区切りを設けられるかもしれませんが、それでも植物の多様性には及びません。つまり、陸上や水中の動植物はみな、細かく区画を分けて排他的に暮らしているのではなく、同じ環境で平和的に共存しているのです。こうした事実から、競争の原理が生態系において生物のエサや生息場所を規定しているという考え方は強い批判を受けたのです。

ダーウィンの帰化仮説

とはいえ、論争となっているというからには、競争の概念を支持するようなデータも見つかっています。もっとも重要なパターンは、近縁な種どうしがエサや生息場所を分けていることです。クリサキテントウとナミテントウで見てきた通りです。

ここまでの情報を整理してみましょう。自然界を眺めてみると、多くの種類が同じニッチ（生息環境）を利用しながら暮らしているけれど、近縁な種類どうしはなかなか共存しにくい、ということになります。つまり、近縁な種類だけに強く効く排他的な要因があるにちがいありません。そうでなければ、クリサキテントウもナミテントウに追いやられず、おいしいアブラムシを食べながら平和的に共存できたはずです。

さて、当時ダーウィンは外来植物に注目して、近縁な種類どうしは同じ環境に暮らしにくいことに気づいていました。その時代、すでにさまざまな種類の植物が外国から人為的に侵入していましたが、その中でも新天地でうまく定着して分布を広げていく種類と、なかなか定着できず数が増えない種類がいました。前者は「帰化植物」と呼ばれています。そこでダーウィンは、近縁な種類がすでに生育している場合、新たに持ち込まれた植物は定着しにくいのではないかと考えました。つまり、近縁な種類の存在が植物の帰化に対する生物的なバリアになっているというアイデアです。今日では「ダーウィンの帰化仮説」と呼ばれています。

今でこそ、外来生物の侵入は生物どうしの相互作用や生態系の変化を調べるための機会として、生態学の主要な研究テーマになっており、また農学や保全といった応用分野でも大きな関心を集めています。しかし今から一五〇年以上も前、外来生物をめぐる現象にいち早く着目して生物多様性の理解に役立てていたとは、「さすがダーウィン」と言いたくなります。

さらに感心してしまうのは、ダーウィンは近縁な種類の植物どうしは同じ場所に生育しにくいと見なしていたと同時に、近縁ではない種類は一緒に暮らしていることを公正に評価していたことです。『種の起源』の最後には、自然淘汰による進化を「この生命観には壮大なものがある」と表現した有名な段落があります。その中で、「生き物にあふれかえる土手」という描写でこの世界の複雑さと多様さを称えた部分があります。その景色の中には、たくさんの種類の植物が動物たちと関わり合いながら一緒に暮らしている様子が描かれています。ダーウィンは、種分化を経て生まれたいくつもの種類が競争せずに共存している理由、そして近縁な種の組み合わせだけが共存できない理由について思いをめぐらせていたのでしょう。ダーウィンは自然淘汰を提唱して進化学をスタートさせただけでなく、生態系における生物と環境の相互関係を解き明かす生態学の創始者ともいえるでしょう。

では、私たちもダーウィンの背中を追って、かわいそうなクリサキテントウの謎の解明に、さらに深く踏み込んでみましょう。

2　禁断の恋―異種のメスを選ぶオス

まわりにおいしいエサがたくさんあるのに、なぜあえてまずいエサを食べるのか。クリサキテントウの不合理な選択を理解するためには、共進化や競争といったこれまで生態学で試されてきた正攻法ではうまくいきません。だからこそ、不合理な行動とみなされているのです。そこで私が取り組んだのは、異種への誤った求愛という「不合理な選択」を解明するところから、不合理なエサ選びを理解するというアプローチです。それは一体どういうことなのか、進化生態学の歴史と私の実験結果を織り交ぜながら説明していきましょう。

異種が出会うと何が起こるか

別種どうしは交尾をしても正常な子孫を残し続けていくことができません。というより、生物学ではそのような場合に「別種」であると定義しています。

ところが、よく似た別種がばったり出会ってしまうと、たとえ子孫を残すことができなくても、種の垣根を越えた求愛が生じかねません。「ひょっとして、あいつは自分と同じ種類かな。よし、とりあえずアタックしてみよう」となってしまうのです。このような行動は自分の子孫を残すことにつながりませんから、生物にとっては時間やエネルギーの無駄になるでしょう。

それでは、もし別種に対して誤った求愛をしてしまう場合、どのような進化が起こるでしょうか。まずは〝合理的に〟考えてみましょう。

当たり前ですが、別種への好みそのものは、自分の子を残すことにつながりません。ですから、そんな行動は繁殖（自分自身の子を残すこと）にとって不要なはずです。それよりも、自分の種と他の種をうまく識別して、自分の種の相手にだけ求愛する必要があります。

異なる種類どうしには、遺伝子がマッチせずに子孫を残していけないという「バリア」がもともとあります。そこから互いをうまく識別し、誤った求愛を減らすことで、異種どうしの交流を防ぐそのバリアがさらに補強されていきます。このプロセスは専門的に「生殖隔離の強化」と呼ばれています（以下、「強化」と記述します）。

強化は「自然淘汰が生き物の完全性を導く」という適応主義者の信念とマッチします。そのため、自然淘汰をベースに研究を進める多くの進化生態学者に受け入れられてきました。ところが、強化は理屈としてはうまくいっているように思えますが、野外ではその証拠となる現象がなかなか発見されませんでした。ある生き物で強化が発見されれば、『ネイチャー』や『サイエンス』といった権威ある科学雑誌に報告できるくらいの大ニュースとして迎えられます。それは、「理論で予測されていたことがついに見つかった」、そして「適応にもとづく研究アプローチに間違いはなかった」という進化生態学者の安堵を含んでいるのであり、裏を返せば、強化が実際にはそれほど頻繁には起きていないことを示唆しています。

強化を検出した例としては、オーストラリア北部の熱帯林に生息するアマガエルの一種を対象にした研究が知られています[13]。カエルはオスが鳴き声でアピールして、メスがその鳴き声に応じてパートナーを選びます。このカエルはとてもよく似た種類のカエルと隣り合わせで生息していますが、メスはオスの鳴き声をきちんと聞き分けて、他種のオスではなく自分と同じ種類のオスを選びます。そのため、自分の子を正常に産むことができます。

この研究で特筆すべき点は、強化が起きていないカエルの生息地も発見されたことです。オスの鳴き声を聞き分ける強化が起きたカエルがいるのは五平方キロメートルに満たない狭い生息地で、その周りはすべて別種のカエルに取り囲まれています。ここでは同種の交尾相手よりも、周りから侵入してくる別種のオスに出会うことのほうが多いのでしょう。このような環境では「同種と他種を確実に見分ける」という強化は理にかなっていると思います。対照的に、もっと広い範囲にわたる生息地のメスでは、強化が観察されませんでした。もちろんそこでも他種との出会いはあるはずですが、同種どうしで出会う確率がずっと高いために、わざわざ「相手の種を見分ける」という強化が起こらなかったのかもしれません。

この研究が『ネイチャー』に報じられたのは、強化の事例が発見されることが珍しいからです。それでは、大多数のケースでは何が起こっているのでしょうか。強化が起こらないとは、つまり他種へ求愛するという「みさかいのなさ」がいつまでもなくならないということです。自分の子孫を残せないというあからさまなデメリットがあるにもかかわらず、自然淘汰はそれを解消しないのです。

適応主義者の願いに反して、どうして強化がほとんど生じないのでしょうか。ここで適応にもとづくアプローチを見捨てるのは尚早です。たしかに適応は、洗練されて無駄のない行動をもたらしてくれる印象がありますが、ときにはトリッキーで、そう簡単に良いことばかりを生み出してくれるわけではないのです。重要なのは、誤った選択のデメリットだけでなく、メリットも併せて考えてみることです。

求愛のエラーが生じる仕組み

クリサキテントウもナミテントウと誤って交尾することは、佐々治の時代からすでに知られていました。もともとこの二種類が本当に別種であるか確認するために、交尾をして正常な子が産まれるのかチェックする必要があったからです。

それでは、一般的に似た種類どうしの求愛において「みさかいのなさ」が消えない理由についてい説明していきます。オスがメスの特徴をもとに求愛するかどうか決める状況を考えてみましょう。私たち人間も、趣味が合うとかルックスが好みだとか、異性の特徴をもとにしてパートナーを選んでいるはずです。動物の場合、求愛の決め手となるのは色や形の他にも、匂いや鳴き声といった形質が挙げられます。ここでは分かりやすい例として、メスの体の大きさを基準にオスがどういう意思決定を行なうか検討していきます。

二種類のチョウが同じエリアにいる場合、求愛の決め手となるメスの形質が二種の間で大きく異なっていれば、オスは何の迷いもありません。異なる種のメスを無視して、自分の種のメスに求愛すればいいだけです（図3－9上）。ところが動物のパートナー選びが一筋縄ではいかないのは、よく似た近縁の種が同じ場所に生息しているときです。図3－9下では、メスの体の大きさが二種類で重なっている状況を示しています。互いの種が似ているほど、この重なりの部分はさらに広くなるでしょう。オスは同種のメスへ求愛しなくてはいけない

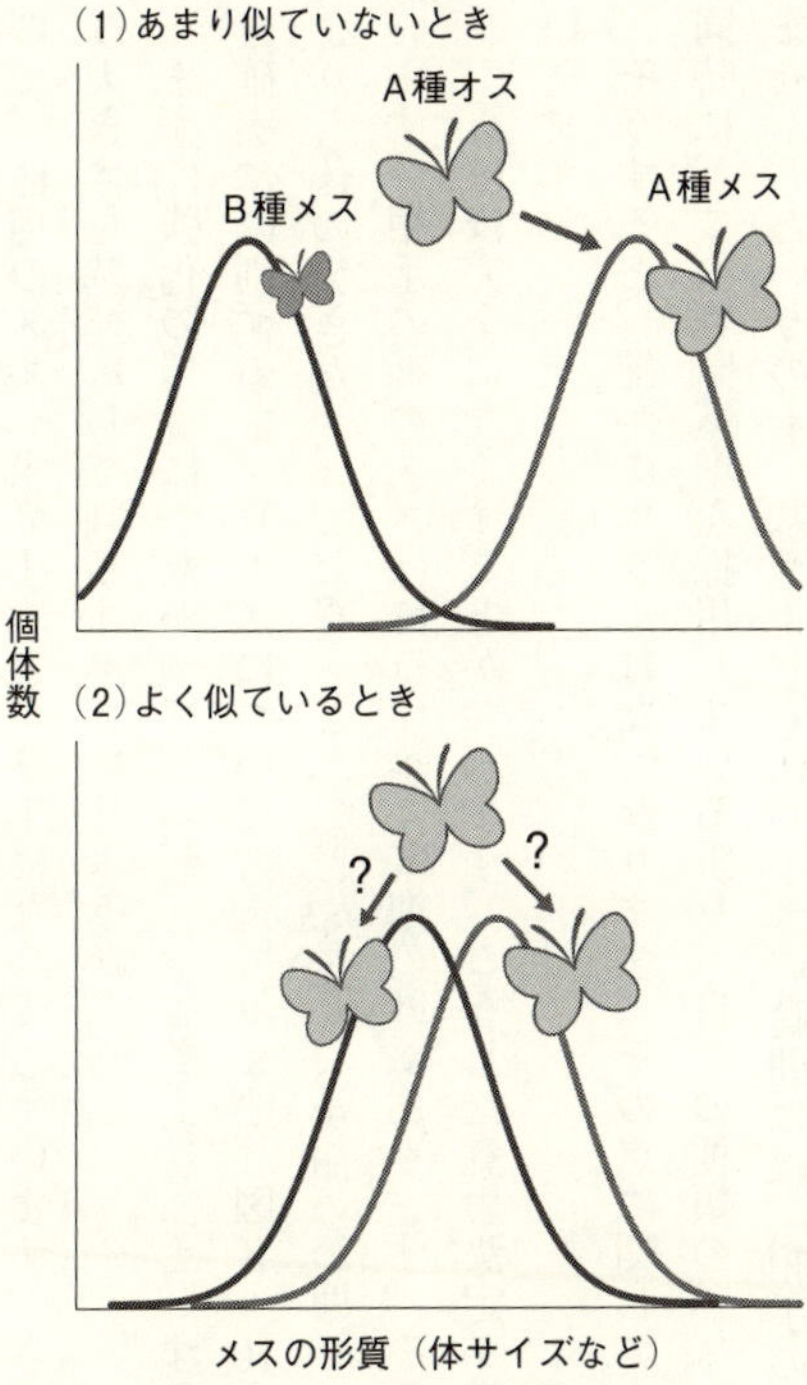

図3－9　**他種がいるときの求愛の判断**　他種のメスが自分の種類のメスとあまり似ていなければ、オスは簡単に区別できる（上）。その一方、よく似ている場合は、判断にエラーが生じやすい（下）

ので、他種のメスへ求愛するとエラーになってしまいます。さて、この状況でオスはどういう大きさを基準にして判断すべきでしょうか。

まずは強化の理論にしたがって、「誤った求愛をなくす」、すなわち「自分の種と相手の種を確実に区別する」プロセスについて考えてみます。図3-10上は、A種のオスがある基準よりも体の大きなメス（点線よりも右側に含まれる矢印の範囲）にだけ求愛することを表しています。相手の種のメスはほぼすべて基準の外にあります。そのため、誤った求愛というエラーをほぼ完全になくすことができます。こうした意思決定が進化するプロセスこそ強化といえます。

そうすると、確かにエラーはなくなります。その点に関していえばメリットです。しかし同時に、この判断基準を採用している限り、自分の種類のメスも何度か無視しなければなりません。というのも、基準よりも体の小さい範囲には、相手の種のメス（不正解）だけでなく自分の種のメス（正解）も何割か含まれているからです。つまり、確実にエラーをなくすのと引き換えに、一部の正解を取りこぼすことになります。「取りこぼした正解」とは、図3-10上で灰色になった部分を指します。これは強化に伴って生じるデメリットになります。

では次に、正解の取りこぼしがないような行動を考えてみましょう。他種へは求愛しないというこだわりをなくして、同種であればすべて求愛するように行動します。図3-10下における基準（点線）よりも体の大きなメスに求愛するという意思決定です。すると、同種のメスならほぼすべて選ぶという点ではメリットになります。逆に、まぬがれないデメリットとして、A種によく似た（体の大きさが同じくらいの）B種のメスに対しても求愛せざるをえません。このエラーは図3－10下において灰色で示されています。

まとめると、どちらの戦略もメリットとデメリットが含まれます。ですから、必ずしも強

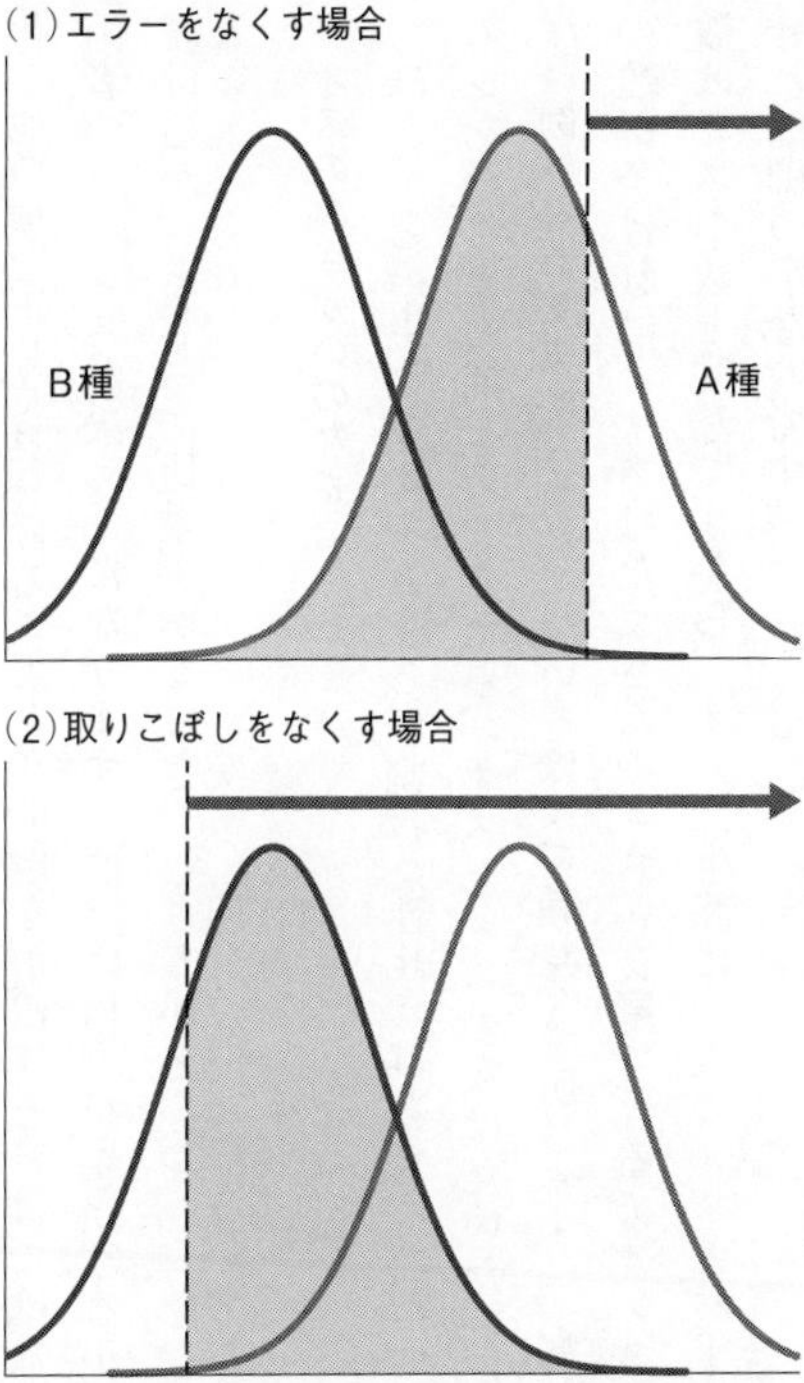

図3－10　**よく似た種類がいるときの求愛の判断**
（上）A種のオスがB種のメスを除外するなら（点線右側）、A種のメスの大部分（灰色の部分）も除外することになってしまう。（下）逆に、A種のメスのすべてに求愛しようとすると（点線右側）、B種のメスへの求愛も避けることができない（灰色の部分）。文献14を改変

化（他の種を正しく見分けること）が問題を解決するわけではなかったのです。結局のところ、両者のバランスが決め手になります。慎重に相手を見分けるか、それともみさかいなく攻め続けるか。どちらに比重をおくべきでしょうか？

オスのみさかいのなさ

ほとんどの生物でオスとメスの割合（性比）はおよそ一対一です。そこらへんでテントウムシをたくさん捕まえてきたら、オスとメスの数はだいたい同じになります（ただし、興味深い例外もあります。それについては後で詳しく説明します）。もしオスの数が少なくて、メスの数が多ければ、オスはたくさんのメスと交尾できるチャンスがあります。しかし、メスの数はオスの数と同じですから、オスは生涯に一匹のメスとパートナーを組んで自分の子を残せれば御の字なのです。

ところが実際は、オスの「モテやすさ」には多くの生物で偏りが報告されています。つまり、たくさんのメスとパートナーを組めるオスがいれば、（メスの数は限られていますから）一度も交尾せずに生涯を終えるオスもいるということです。たとえばプエルトリコのアカゲザルでは、群れの中に暮らす子のおよそ四分の三はある一頭のボスを父親としています。その一方で、平均すると七割ほどのオスが毎年一度も交尾をできずに過ごしています。[15] 自然界のオスには勝ち組と負け組がシビアにあらわれるのです。

それでは、こうした状況を前にして動物のオスはどのような行動をとるべきでしょうか。それは、「ほんの少しのチャンスも逃さない」という意思決定です。たとえ失敗する公算が高くても、何度も求愛して、わずかな望みにかけるのです。繁殖期のテントウムシの場合、シャーレの中でオスとメスを一緒にしてやると、オスは一目散にメスのほうへ向かって求愛を始めます。このような貪欲なオスの姿は動物界ではおなじみかと思います。

では次に、よく似た種類が周りにいる状況で、「ほんの少しのチャンスも逃さない」戦略がどのような結末をもたらすのか考えてみましょう。問題は、「(一部の正解を取りこぼすのと引き換えに) きちんと相手を見分けるか」と「(他種へ求愛するというエラーを伴いつつも) みさかいなく求愛するか」という、相いれない要求のどちらを優先するかでした。

オスの目的は、自分の子を残すことです (メスの目的も同じです)。言い換えると、自然淘汰はそうした行動をとるタイプを後世に残します。答えは、「たとえ別種に似ていようが、同種のメスである可能性が少しでもあるなら、躊躇せずにアタックすべき」という行動です。[16]

確かに、オスの求愛は「タダ」ではありません。求愛の度に時間やエネルギーを割く必要があります。他種への求愛というエラーがあれば、その分だけ無駄になります。しかし、同種のメスへ求愛したところで、交尾までたどり着く可能性は少ないのです。ですから、他種のメスかもしれないというリスクがあったとしても、同種と交尾できたときのリターンがとてつもなく大きいので、オスのみさかいのなさはなくなりません(なにせ、生涯に一回でも交尾できれば御の字なのです)。これが、別種を識別する能力がいつまでたっても進化しない背景です。

甦るサチュロス

ギリシャ神話に登場する半人半獣の精霊サチュロスは、自然の豊穣の化身・欲望の塊とされています。暇さえあれば手当たり次第に求愛し、自分の種とは異なる生物も性欲を満たす対象としていました。

ハーバード公衆衛生大学院にて感染症を媒介する昆虫の研究をしていたホセ・リベイロとアンドリュー・シュピールマンは、オスのみさかいのなさが他種に与える影響について初めて解析し、異種へ求愛する個体のことをギリシャ神話にもとづいて「サチュロス」と呼びました。[17] その論文は一九八六年に出版されましたが、サチュロスという言葉は専門用語としてほとんど定着しませんでした。また、研究の内容自体も大した注目を浴びることなく、時間は過ぎていきました。

やはり、大方の考えは強化、すなわち「他種への求愛というエラーはなくなっていく」という概念だったのです。そのため、他種への求愛がなくならないというサチュロス的なアイデアはすぐには浸透しなかったのでしょう。

また第一章で説明したように、適応主義に対する批判を受け、進化生態学者は「自然淘汰によって無駄のない行動が導かれる」という信念（拠り所）を築き上げました。もしこれが否定されるなら、研究プログラム自体が否定されかねません。

これらの理由からか、自然界に見られる他種への求愛は単なるエラーとして見過ごされていました。理屈（あるいは期待と呼んでもよいでしょう）に合わない「不都合な真実」として、進化生態学者は見て見ぬふりをしていたのかもしれません。しかし、やがて他種への求愛についての報告が増えてくると、単なるエラーとして片付けられるものではないという指摘も出てきました。優雅に舞うチョウであっても、愛らしいテントウムシであっても、サチュロス的な一面を持っているのです。

技術の革新が動かぬ証拠を突きつけたこともありました。DNAの配列が解析できるようになると、どうしたことか、近縁種の一部のDNA配列が混ざっていることがあったのです。その原因は、近縁種との交尾を経て世代をくり返していくうちに、近縁種のDNAが浸透して取り込まれていったからです。

ヒヤリ・ハット

私の大学院時代の同僚だった本間淳博士は、他種への求愛がいかにたくさん起こりうるかについて、労働災害の経験則である「ハインリッヒの法則」を踏まえておもしろい考察をしています。

ハインリッヒの法則とは、現場における一件の重大な事故の背景には、数十件の軽微な事故が発生していて、そしてさらに事故とはいえないけれども異常な出来事（いわゆるヒヤリ・ハット）が何百件も起きている、というものです。それぞれの事象が発生する回数はピラミッド型になっています。

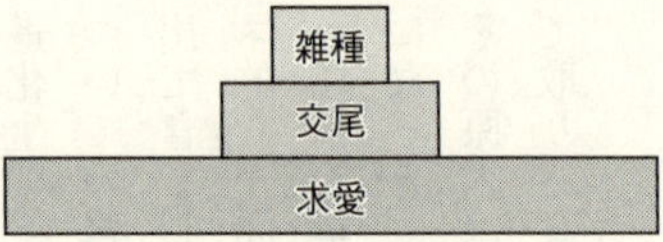

図3－11　**求愛のエラーにおけるハインリッヒの法則**　ピラミッドの下に行くほど、その現象が起きる回数が多いことを示す。文献14を改変

この法則を動物の行動に当てはめてみましょう。他種との交尾で雑種が生まれたなら、時間とエネルギーにかなりのロスを伴う「重大事故」だといえます。ということは、その背景には（雑種の産生にはつながらなかった）異種間の交尾が何度かあり、さらには（交尾に至らなかった）求愛が幾度もあったはずです（図3－11）。テントウムシの場合、オスがまずメスに接近し、そこで相手のことをじっと見つめたり、触角で叩いたりします。メスがいやがったときは追いかけ回して、背中の上に乗っかったりします。こうした「ちょっかい」はそこまで大したコストではなく、ヒヤリ・ハットレベルの軽微な出来事かもしれません。ただ、

ハインリッヒの法則を応用すると、軽微なエラーほど起きる回数が多いのです。

先ほど説明したように、近縁な種類どうしでは交尾の証拠がよく見つかっています。ということは、私たちが直接観察できたわけではありませんが、求愛程度の軽微なエラーはさらにたくさん起きたのだと想像できます。こうして考えてみると、他種への求愛はもはや例外的なエラーなのではなく、自然界にはよくある出来事として捉えられるようになってくるのではないでしょうか。

ネアンデルタールとの交雑

昆虫の行動について研究していて参考になるアドバイスは、「自分ならどうするか考えてみる」というものです。昆虫たちのインセンティブを正しく予測するためには、まさに相手の身になって考える必要があるのです。しかし、哺乳類や鳥と違って昆虫にはなかなか感情移入しづらい面があるでしょう。人間どうしのコミュニケーションでさえ、相手の気持ちになって考えることは難しいものです。

ましてや他種への求愛となると、自分（ヒト）に置き換えて考えるのはかなり難しいはずです。私たちにもっとも近縁な現生の生物はチンパンジーですが、動物としてかわいいと感じることはあっても、チンパンジーに対して性的な関心を覚えることはまずないと思います。

ところが人類史をみてみると、ホモ・サピエンスが異種と交雑した証拠が発見されています。

ホモ・サピエンスとネアンデルタール人は別種ですが、同じヒト属に分類されており、互いに近縁な種類であるといえます。およそ五万年前、両者はヨーロッパや中東において同じ時代を過ごしていたと推測されています。

生物の死後、DNAは時間とともに劣化していきます。特に、DNAが保存されている環境に水分が含まれていたり温度が高かったりすると劣化のスピードが早まってしまい、分析が難しくなります。ところが近年、技術の進歩によって、化石のようなとてつもなく古いサンプルに含まれる微量のDNAからも、私たちがどのような進化の道をたどってきたのか推定できるようになってきました。

眠りから覚めた古代のDNAは、ホモ・サピエンスの中にネアンデルタール人のDNAが数パーセント混じっていることを明らかにしました。[18] この事実は、ホモ・サピエンスとネアンデルタール人が過去に交雑したことを示唆しています。

ハインリッヒの法則をおさらいしましょう。ネアンデルタール人との間で交雑が起きたということは、それ以前の軽微な「ちょっかい」が古代のホモ・サピエンスに何度もあったはずです。ましてや、最終的には行動に移らなかった「求愛してみようかな」という欲求は、もっと頻繁に湧き上がっていたのでしょう。したがって、今となってはこの目で確認することはできませんが、他種への求愛というエラーは私たち人類にも当たり前のように起きていたと想像できます。

もちろん、進化学の成果を人間性の解釈に応用するときには注意が必要です。たとえ自分の種類以外の生物に求愛することが「自然なこと」だとしても、それが社会において正当化されるわけではありません。同じように、「どうしてもエラーが起きてしまう」からといって、それがいつも許されるわけではないでしょう。むしろ、エラーが個人や社会にとってマイナスをもたらすなら、そのメカニズムを把握した上で、エラーを予防する手立てを見出すことが科学のまっとうな応用の仕方になると思います。

強調しておきたかったことは、求愛のエラーには理論的な背景があるということです。「ちっぽけな脳をもった昆虫だから頻繁にミスが起こるのだ」なんてことはありません。知的だったはずの私たちの祖先も、同じような過ちを経験してきたのです。

不合理で不合理を解く

さて、他種へ求愛してしまうメカニズムを理解したところで、本章前半の「不合理なエサ選び」に話を戻しましょう。問題は、クリサキテントウがまずくて捕まえにくいエサをあえて食べている理由は何か、というものでした。

この謎を解き明かす鍵として私が注目したのが「求愛のエラー」なのです。つまり、求愛のエラーはそれ自体が一見すると不合理な（でも実は合理的な）現象ですが、それがさらにエサ選びという別の現象の原因にもなっているということです。

クリサキテントウによく似たナミテントウは、正真正銘のジェネラリストです。おいしいエサがあれば好きなように食べています。どの昆虫だってそのように暮らしたいはずです。そこで、クリサキテントウが成長にとって不適なエサしか使っていないのは、ナミテントウに追いやられていることが原因ではないかと考えました。

「追いやられる」とは、具体的にどんなメカニズムでしょうか。「クリサキテントウはナミテントウと同じエサをめぐって競争した結果、追いやられてしまった」という理由は不十分だと思われます。なぜなら、ナミテントウと同じアブラムシを食べていても共存している種類はたくさんいるからです。ナミテントウよりもひと回り小さいダンダラテントウは、戦前には九州から沖縄にかけて分布していた種類でしたが、そのあと中国・四国・近畿地方まで分布を拡大し、近年には関東地方北部まで北上しており、私たちの身近なところでもナミテントウに混じってよく見られます。幼虫が白いワックス状の物質で覆われたコクロヒメテントウも、ナミテントウと共存している身近なテントウムシのひとつです。テントウムシだけではありません。アブラムシを食べる昆虫としては、他にクサカゲロウやヒラタアブの幼虫が有名です。どちらも獰猛な捕食者です。しかしそれでもなお、ナミテントウと同じエサを食べて暮らしているのです。

プランクトンのパラドクスという言葉が象徴するように、世界は多様な種であふれています。同じエサを食べる種類どうしは共存できないという（生態学に古くからあった）理論は、自然界の実状をあまり反映できていないといえます。

そこで、ナミテントウとクリサキテントウの間だけに起こる負の効果を考える必要があります。それが求愛のエラーです。求愛のエラーは似た者どうし、つまり近縁種の間で起こります。もし求愛のエラーが原因で大きな不利益があるなら、それを避けるために異なるエサを使っているのではないか。これは、まだどの生物でも検証されていなかった仮説でした。

テントウムシにおける求愛のエラー

ここまでは求愛のエラーにまつわる概念的な説明が多かったので、実際の現場でどのようなことが起きているのか、私が行なった実験の結果を紹介していきましょう。[19]

まずはクリサキテントウとナミテントウが互いに求愛しようとするのかシャーレの中で調べてみました。シャーレの中に一匹のオスと一匹のメスを入れてみます。「クリサキテントウウのオスとクリサキテントウのメス」「クリサキテントウのオスとナミテントウのメス」「ナミテントウのオスとナミテントウのメス」「ナミテントウのオスとクリサキテントウのメス」という四つの組み合わせで実験してみました。すると、オスは同じ種類のメスはもちろんのこと、他種のメスにも求愛しました。そのうちほとんどのケースでメスはオスを受け入れて交尾に至りました。メスは他種のオスがやってきても取りたてて拒否しなかったのです。こうした場合、オスだけでなくメスも交尾相手の種類を正しく見分けられていないと解釈できます。

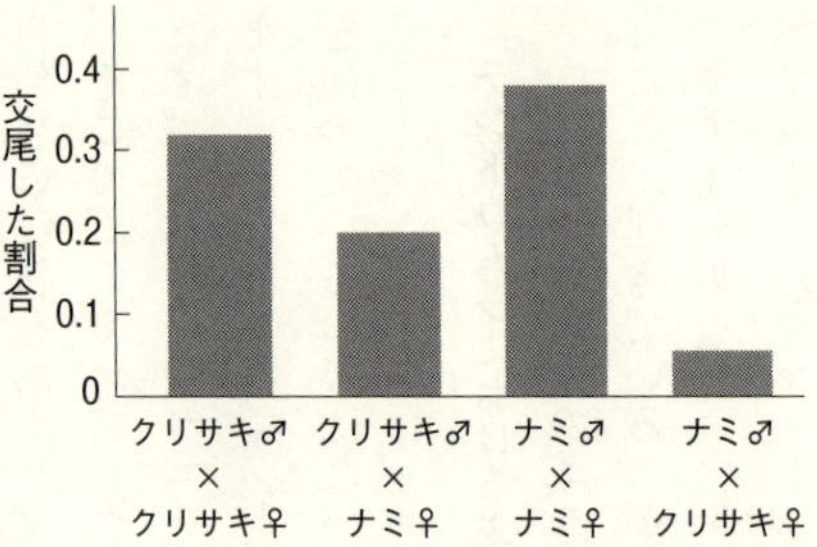

図3－12　それぞれのペアで交尾が起きた割合　文献19を改変

　ただし、ナミテントウのほうが自分の種類どうしで交尾する割合が高いことも分かりました。ナミテントウのオスがクリサキテントウのメスに求愛して交尾に至ったケースはどちらかというと稀でした（図3－12）。その一方で、クリサキテントウのオスは同種と他種のメスをうまく見分けられずに、だいたい同じ割合で求愛します。オスやメスが何を基準にして見分けているのかまだ分かっていませんが、他のテントウムシで報告されているように斑紋や体表の化学物質などを目安にしていると思われます。

このような求愛のエラーは具体的にどのような不利益をもたらすのでしょうか。まず前提として、クリサキテントウとナミテントウが交尾をしても子孫を残せません。メスは他種のオスと交尾をしても卵を産みます。しかし、その卵からはいっさい幼虫が孵化しません。そのため、他種と出会い、求愛し、交尾をするまでのプロセスは、まったくの無駄に終わってしまいます。

ただし、もしメスが他種のオスと交尾してしまっても、その後に同種のオスと交尾できれば、自分の子を正常に産めることが分かりました。交尾する順番が逆でも同じことが起こりました。すなわち、同種のオスと交尾していれば、その前後に他種のオスと交尾しても正しく同種のオスとの子を産めるのです。

昆虫では、交尾したオスの精子がメスの体内の貯精嚢と呼ばれる器官に蓄えられます。このとき、卵と精子はまだ出会っておらず、受精は成立していません。メスは産卵するときに貯精嚢から精子を小出しにして、そのときにようやく受精します。メスが同種と他種の両方のオスと交尾してもきちんと子を産めるということは、産卵の際に同種の精子を優先的に用いるメカニズムが備わっているのでしょう。このメカニズムはテントウムシに特有なものではなくて、ショウジョウバエやコオロギといった他の昆虫でも報告されています。

つまり、たとえ他種と交尾してしまっても、同種と交尾できるのであれば、子を産めないというデメリットは帳消しになるのです。そのため、メスにとっては、「一回でも同種のオスと交尾できるか」が子孫を残す上で重要になってきます。

非対称な結末

さきほどはオスとメス一匹ずつをシャーレに入れて実験しました。次の実験では、両種の成虫を何匹か同じ虫カゴに入れて、「(他種がいるときに)メスが同種のオスと交尾できるか」調べてみることにしました。この実験では、クリサキテントウとナミテントウを同じ数だけ入れたカゴと、一方の種をたくさん入れてもう一方の種を少しだけ入れたカゴを設定しました。こうすることで、周りに自分たちの種類がたくさんいる「多数派」の状況から、周りに相手の種類がたくさんいる「少数派」の状況までを再現しています。

観察の結果、ナミテントウでは問題なく同じ種類どうしでの交尾が成立していました(図3-13上)。つまり、周りにクリサキテントウがたくさんいる状況であっても、ナミテントウは自分のパートナーをきちんと見つけられたのです。初めにシャーレで行なった実験でも、ナミテントウのオスは同種と他種のメスを比較的よく見分けられることが明らかになっています。このような判断能力が交尾の成功につながっているのでしょう。

その一方、クリサキテントウではまったく異なる結果が得られました。クリサキテントウは、多数派の処理区では同種どうしでうまく交尾できたものの、周りにナミテントウがたくさんいる少数派の処理区では、同種どうしで交尾できた割合が著しく減ってしまいました（図3－13下）。ナミテントウが周りにいる状況では、求愛における判断がまどわされてしまい、オスはメスをうまく見つけられなくなってしまうようです。

クリサキテントウのメスも、同種のオスと一回でも交尾できれば子孫を残せます。しかし、周りにナミテントウがたくさんいると、そもそも交尾できなくなるのです。つまり、「産卵の際に、同種の精子が優先して利用される」という体内のメカニズムが、最後まで発揮されることなく終わってしまうのです。

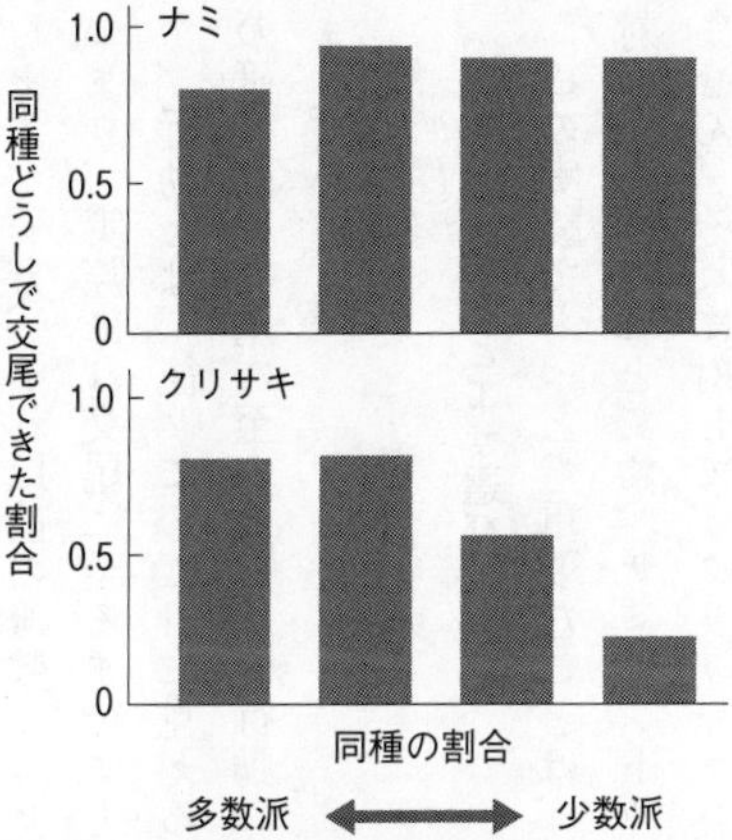

図3－13　両方の種類を一緒にしたときに、ナミテントウ（上）およびクリサキテントウ（下）のメスが同種のオスと交尾できた割合　左に行くほど多数派、右に行くほど少数派の処理区を示す。文献19を改変

強化に関連する従来の研究では、「異なる種類どうしで交尾しするか」「交尾した後に受精するか」「受精したら正常な子が生まれるか」といった指標が調べられてきました。これらは、ハインリッヒの法則でいえば、「重大な事故」に該当

します。一方、それ以前の無数の「ヒヤリ・ハット」の段階が無視される傾向にありました。つまり、実際には交尾に至るまでにも、異なる種類どうしでいろいろなやりとりがあるのです。行動とは、往々にして目に見える形として残らない、とらえどころのないものです。この研究は、交尾に至る前の求愛行動の段階で二種の命運が分かれてしまうことを示唆しています。

求愛のエラーとエサ選び

この実験でもっとも重要なことは、クリサキテントウとナミテントウの受ける不利益が非対称であったことです。ナミテントウはクリサキテントウが周りにいても大した被害を受けません。それに対して、クリサキテントウはナミテントウがいると「交尾できなくなる」という影響をもろに受けます。つまり、これらの種類が一緒にいると「ナミテントウが有利でクリサキテントウが不利」だといえます。

いよいよクリサキテントウが松の木に固執している謎を解明する頃合いのようです。では、求愛についての非対称な結末をエサ選びに結びつけて考察してみましょう。ナミテントウは異なる種のことを気にしません。好きなエサを好きなように食べることができます。おいしいエサにはナミテントウが群がっています。もちろん、クリサキテントウもそうした質のい

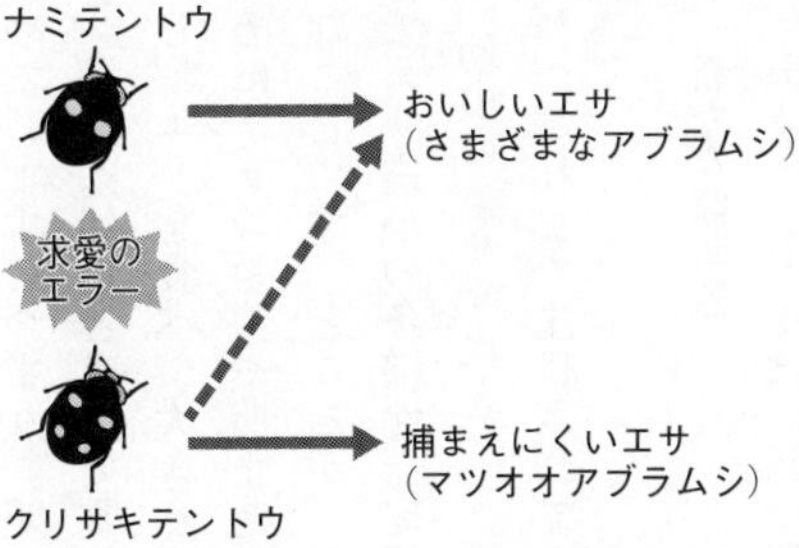

図3－14　求愛のエラーとエサ選びの関係　ナミテントウは質のよいアブラムシを好きなように食べている。クリサキテントウも本来はそのようなエサを食べたいはずだが（点線矢印）、ナミテントウと一緒にいると求愛のエラーが生じてしまうため、仕方なく質の低いアブラムシに特化している

いエサを食べたいのですが、ナミテントウがたくさんいると「子孫を残す」チャンスがかくっと減ってしまいます。クリサキテントウはナミテントウがたくさんいる場所を避けなければなりません。ナミテントウを避けるためにはどうすればよいのか。クリサキテントウが選んだ道は、ナミテントウにとって捕まえにくいエサに特化することでした（図3‐14）。周りにナミテントウが少なければ、きちんと同種どうしで交尾をして子孫を残すことができます。これが、「なぜクリサキテントウは食べにくいエサに特化しているのか」という問いに対する私なりの回答です。

昆虫の場合、成虫は翅があって自由に飛び回ることができますが、幼虫は生まれた場所から遠くへ移動することができません。そのため、子の生活場所やエサを決めるのは親の意思決定にかかっています。「わが子のためにベストなエサを選ぶ」というのももちろん重要ですが、そもそもきちんと子を残せなければ意味がありません。クリサキテントウの親は、子の成長を犠牲にしてまでも、交尾できる確率を高めています。つまり、親の都合で子の運命が決まっているといえるでしょう。[20]

昆虫は幼虫と成虫で劇的に生活が変わります。成虫は主として繁殖に特化しているのに対し、エサを食べて大きく成長するのは幼虫です。ですから、エサ選びの謎について調べるためにエサの栄養や捕まえやすさといった「子にとっての価値」に着目するのは直感的に自然なことです。ところが、どの種類の幼虫にとっても良いエサは良いエサですから、それだけでエサ選びの多様性を理解するのには無理があります。クリサキテントウで検証した仮説は、「幼虫のエサ」にとって「成虫の行動」がキーポイントになっているという点で意外性があり、これまで注目されてこなかったといえます。

新たな競争観

ナミテントウはいわば勝ち組で、おいしいエサを思う存分に食べています。この特性に目をつけられて、害虫であるアブラムシの防除のためにヨーロッパやアメリカへ人為的に放たれました。今や畑に限らずあらゆる環境に進出しており、世界各地で外来種として問題となっています。対照的に、負け組のクリサキテントウは松林に細々と暮らしています。よく似た近縁種にもかかわらず、人為も絡んだその運命はまるで異なるものになりました。

ただ、なぜ勝ち負けがはっきりと分かれたかというと、ナミテントウに特別な能力が備わっていたからではありませんでした。

競争とは一般的に、何か共通の目的があって、それに向かって競いあっている状況を指します。生物の場合は、同じエサや住み場所をめぐる戦いでしょう。ところが、ナミテントウが勝った理由はエサを捕まえる能力そのものが高いためではありません。エサを捕まえる能力は、クリサキテントウも自然淘汰によって同じように向上したはずです。むしろ、求愛のエラーという、エサとりとは直接的に関係していないところで勝敗が決まっていたのです。これは数学のテストの点数で英語の成績をつけられるようなものです。このような理不尽なシステムであれば努力しようがありません。

なぜナミテントウは同じ種類どうしできちんと交尾できてクリサキテントウにはできないのか、まだ詳しく解明されていません。しかし、相手をうまく見分けるように淘汰がはたらいているわけではなさそうです。というのも、もし相手の種類を見分けるという「共通のゴール」があるなら、クリサキテントウだって同じように進化したはずです。そのゴールを共有していないからこそ、結果の優劣がはっきりと決まったのだと考えています。

異なる種類と出会ったとき、相手に性的な魅力を感じるか、あるいは取るに足らない対象として相手にしないかは、どのようにして決まるのでしょうか。それは、それまでにどのような好みを発達させてきたか、そして相手の種類の模様や色が好みにたまたまマッチしているかといった要因が効いていそうです。これらの要因は、自然淘汰が常に目を光らせている「生存能力」とは無関係です。そんな偶然ともいえるきっかけが分かれ道になり、進化の末に、エサや住み場所に大きな格差が生まれてしまうのです。

人間社会でもさまざまな格差がありますが、自分の努力や才能とは無関係に運命が決まることも少なくありません。ジャレド・ダイアモンドはピューリッツァー賞を受賞した『銃・病原菌・鉄』（一九九七年／邦訳は二〇〇〇年）において、「なぜヨーロッパの白人はさまざまな発明をして物質的に豊かになったのに、（彼の調査地であった）パプアニューギニアや他の途上国ではそうならなかったのか」「なぜスペインが中南米の社会を征服し、その逆ではなかったのか」といった素朴な疑問について検討しています。従来は短絡的に、ヨーロッパの白人が生まれつき知的で物を生み出す能力が高いと考える人もいました。しかしそのような証拠はありません。むしろダイアモンドは、ヨーロッパの人々が暮らしてきた地理的な環境が文明の発展に有利だったと指摘しています。大陸の面積や形が家畜や作物の伝播に影響し、物資や情報の交換に違いをもたらし、結果として文明を育んでいったという流れです（ちなみに、ダイアモンドは超一流の進化生態学者でもあり、文明の考察に対しても生態学的な思考法がいかんなく発揮されています）。勝敗は「物を生み出す能力」に直接関係のない「地理的な環境」によって決まっていたのです。私たちがふだん思っているよりも、格差は外的な要因の影響を強く受けて生まれたのかもしれません。

エラーからの解放

さて、「クリサキテントウは求愛のエラーがもとになって追いやられた」という主張をサポートする強力かつおもしろい傍証があります。それは、ナミテントウのいない地域では、クリサキテントウもジェネラリストになっているということです。

本州から九州にかけてはクリサキテントウとナミテントウがエサを分けながら一緒に暮らしています。その一方、北海道にはナミテントウだけ、南西諸島にはクリサキテントウだけが分布しています（図3-15）。南北に長い日本列島におけるこの生物地理学的な状況は、進化生態学の研究にとって絶好のチャンスを与えてくれます。相手の種類がいるかいないかで、エサ選びや生活史が変化するかチェックできるのです。

これまで奄美大島・沖縄本島・宮古島といった島々をめぐり歩いた結果、ギンネムをはじめとしたさまざまな樹木からクリサキテントウを発見することができました[8]（図3-16）。博物学者の「ゲッチョ先生」こと盛口満《もりぐちみつる》氏の『テントウムシの島めぐり』（二〇一五年）では、シマサルスベリの木にクリサキテントウが来ていることが報告されています。本州ではマツ類以外の植物から発見されたことがないのと対照的です。

南西諸島のクリサキテントウは、ナミテントウがいないから、相手を気にすることなく自由にエサを選んでいるのでしょう。相手がいるかいないかでメニューが変わるという事実は、エサそのものの質ではなく、共存している種類との関係でエサが決まっていることを示唆しています。

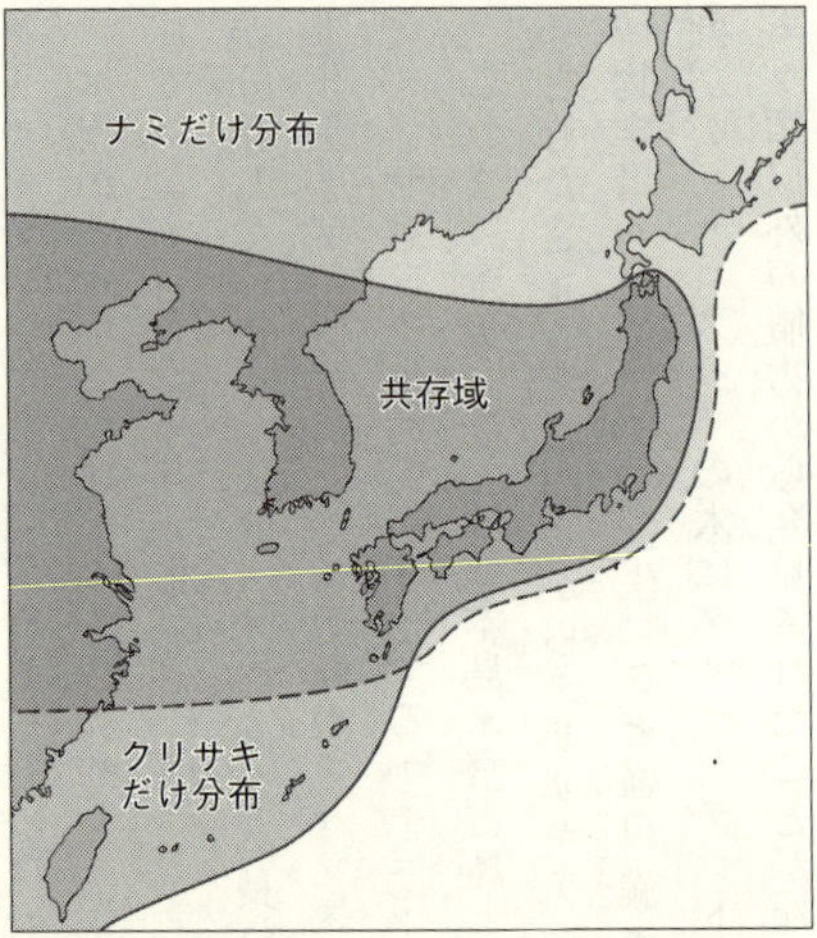

図３－15　ナミテントウとクリサキテントウの分布　文献８を改変

図３－16　ギンネムの木にいるクリサキテントウ　宮古島（沖縄県）にて撮影。文献８を改変

3　不治の病—あえて抵抗しない戦略

まずいエサに追いやられてしまったクリサキテントウですが、災難はまだ終わりません。とある風変わりな病気を引き起こすバクテリア（細菌）に高い割合で感染しているのです。病気とは、宿主に何らかの不具合をもたらすものです。ですから、通常は病気に対する抵抗性、すなわち免疫が生まれてきます。これは自然淘汰の論理から予測される自然な結末です。

それではなぜクリサキテントウは、多くの個体がこのバクテリアに感染しているのでしょうか。何らかの制約によって自然淘汰がはたらいていないのでしょうか。本章三つ目のトピックとして、病気にまつわる不合理性について考えていきましょう。

細胞の中に感染するバクテリア

クリサキテントウに感染するスピロプラズマというバクテリアは、「オス殺し細菌（メールキラー）」と呼ばれています。もの恐ろしいネーミングですが、その名の通りこのバクテリアはオスのテントウムシだけを殺してしまいます。スピロプラズマのほかにも、ボルバキアやリケッチアなどの細菌がさまざまな昆虫に感染し、同じく「オス殺し」として暗躍しています。

バクテリアはなぜオスだけを殺す必要があるのでしょうか。バクテリアが生き残る上でどのようなメリットがあるのでしょうか。少々マニアックになるかもしれませんが、バクテリアと昆虫における遺伝の仕組みや利害関係について、順を追って説明していきます。バクテリアが生きるミクロな世界にも進化のメカニズムが働いていることを理解できるでしょう。

スピロプラズマは、宿主（テントウムシ）の体表やおなかの中にいるわけではありません。宿主の細胞の中に暮らしています。このようなバクテリアを「細胞内共生細菌」といいますが、細胞は膜におおわれた「部屋」になっており、バクテリアがどうやってこの部屋の中に侵入できたのかまだ完全には解明されていません。しかし、植物の細胞の中で光合成を行なう葉緑体や、私たちの細胞の中でエネルギーの生産を担ってくれているミトコンドリアも、もともとはバクテリアとして共生していたのです。ですから、生物の世界において細胞とバクテリアが協調的に暮らしていることは普遍的な現象であるといえます。

細胞の中に感染したバクテリアは、当然ながら宿主と異なる独自の遺伝子（DNA）のセットを持っています。彼らは宿主の細胞の中で自らのコピーを増やすように活動しています。ですので、バクテリアは宿主の細胞とずっと「一心同体」というわけにはいきません。バクテリアのDNAは、細胞の核に詰まった宿主のDNAと別の道をたどる局面があります。それは生命活動のもっともドラマチックな瞬間、すなわち受精のタイミングに訪れます。

卵子が精子を受精することで、新たに生まれる子は父親と母親から半分ずつDNAを受け継ぎます。受精の瞬間、精子から渡されるのは父親のDNAだけで、もともと細胞に含まれていたバクテリアやミトコンドリアなどは脱落してしまいます。それに対し卵子は、父親のDNAを受け取ることで新たな生命をスタートさせ、もともと卵子に含まれていたバクテリアはそのまま細胞の中に存在しています。要するに、バクテリアは父親から子へは伝わらずに、母親から子へと伝わるのです。

この父（精子）と母（卵子）の「非対称性」が、バクテリアに試練をもたらしました。しかしその逆境は、画期的な戦略を進化させる原動力になったのです。

バクテリアの驚異的な解決策

母親から娘へ伝わったバクテリアの運命を考えてみましょう。娘の細胞の中に暮らしているバクテリアは、その娘がやがて大きくなり、母親として次の子を産めば、卵子を介してさらに次の世代へ受け継がれます。がんばって生きていく甲斐があるというものです。

ところが息子の細胞の中に暮らしているバクテリアはどうでしょうか。いくら細胞の中で増殖したところで、精子が受精したときに脱落してしまい、次世代へと伝播されません。つまり、バクテリアにとってオスの細胞に感染することは進化の「行き止まり」を意味しており、それ以上に活動していく価値がありません。

そこでバクテリアが思いついた妙案が、「オスを殺してしまう」というものです（図3-17のフェーズ①）。ただし条件付きで、オスが死んでしまうことで、メスに何らかの利益が生まれることが必要です。そうすれば、メスに感染している自分の同胞が広く伝播していくことにつながるからです。とにかく、バクテリアは宿主のメスにとって何かプラスになることを探しています。

それでは、オスがいなくなることでメスにはどんなメリットがあるでしょうか。テントウムシの場合、オス殺しのスピロプラズマに感染しているオスの卵は、孵化する前に死んでしまいます。詳しいメカニズムは明らかになっていませんが、スピロプラズマが何らかの仕掛けをして、オスの発生だけを選択的に止めているようです（メスの卵に感染しているスピロプラズマは目立ったわるさをしません）。オスとメスの割合はだいたい一対一ですから、テントウムシの卵塊のうち約半数（オスの卵）が孵化しないことになります。すると、孵化したメスの幼虫はまず隣りにあるオスの卵を食べ始めます（図3-17のフェーズ②）。栄養をたっぷりと吸収したメスは順調に成長するでしょう。そうすると、その中に感染しているスピロプラズマの将来も明るくなります（図3－17のフェーズ③）。オスに感染していても意味がないので、宿主のオスを犠牲にする戦略はスピロプラズマにとって理にかなっています。

以前に紹介した「栄養卵」のことを思い出した読者もいるでしょうか。テントウムシはバクテリアに感染していなくても一部の卵が孵化せずに栄養卵となり、孵化した幼虫に供給されます。これと同じような機能がバクテリアによっても引き起こされるということです。

細胞の中に感染するバクテリアの生存戦略には、オス殺し以外の方法も報告されています。[21]タマゴコバチ属の寄生蜂やアザミウマの仲間に感染するバクテリアは、宿主がメスしか産めないように仕向けることが知られています。つまり、バクテリアが昆虫の性を操っているということです。バクテリアはオスではなくメスに感染したいわけですから、これもまた理にかなっている戦略であると考えられます。いずれも、バクテリアが宿主のDNAとは

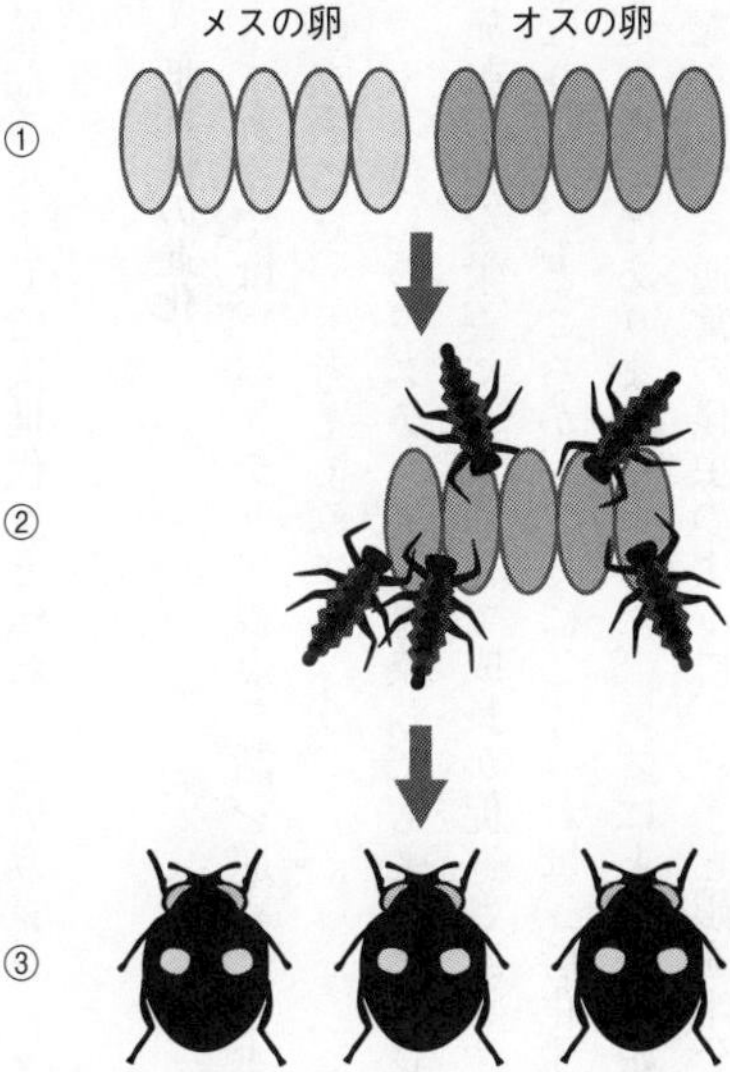

図3－17　オス殺し細菌がテントウムシに感染したときの状況

異なるルートで次世代へと伝わるというジレンマから生まれた進化的な解決策です。

抵抗性の進化

これまでは、バクテリア視点で話を進めてきました。それでは、今度は感染している昆虫の立場に立って考えてみましょう。

オス殺しのバクテリアに感染してもメスの成長は阻害されず、むしろ生まれてこなかった兄弟の卵を栄養にすることで成長が促進されます。これはメスにとっての一定のメリットとなります。ところが、オスにしてみれば、孵化する前に殺されてしまうわけですからたまったものではありません。また、メスにとっても娘しか産めなくなるのは大きなデメリットになります。通常の昆虫のように、息子と娘を半分ずつ産むのが繁殖する上で理にかなっているからです。

そこでオス殺しのバクテリアに感染した昆虫では、ふつう「抵抗性」の進化が見られます。バクテリアを細胞から排除して、息子と娘を同じ数だけ産めるようにするのです。あるいは、バクテリアが細胞の中にいたとしても、わるさをしないように抑えつけることもあります。病気にかかると何らかの免疫ができることは、私たちも経験上、納得できることではないでしょうか。

テントウムシではさまざまな種類からスピロプラズマやボルバキアといったオス殺しのバクテリアが報告されています。しかし例外的な場合を除くと、発症しているのは集団の中の一部のメスに限られています。[22] また、オス殺しのバクテリアについての研究では、「発症が見つからなかった」という調査結果をわざわざ科学論文として公表しない可能性がありますから(否定的な結果が表に出にくい傾向は「出版バイアス」と呼ばれています)、実際には知られているよりも多くの種類が低い感染率にとどまっているのでしょう。多くの昆虫でバクテリアは検出されているものの、抵抗性の進化のおかげか、特にこれといったわるさをしていないと考えられます。

ここまでの話をざっくりとまとめれば、バクテリアにとって宿主のオスを殺すことにはメリットがあるものの、宿主は抵抗性を進化させるので、実際にはほとんど発症はみられない、ということになります。しかし、ここでクリサキテントウの災難に話は舞い戻ります。

高い感染率

当初、私はクリサキテントウとナミテントウを使って交尾の実験がしたかったので、両種のオスとメスの成虫をたくさん確保する必要がありました。そのためには、野外でテントウムシのメスを採集し、実験室でたくさん産卵させ、そこから生まれた幼虫を飼育し、新たに

図3－18　抗生物質（テトラサイクリン）入りのエサを食べているテントウムシ

羽化するオスとメスを用意しなければなりません。

ところが、クリサキテントウはただでさえ数が少なくて野外で見つけにくい上に、飼育して新たに羽化してきた成虫はほとんどがメスで、オスの数はごく限られていました。交尾の実験では、オスとメスを同じ数だけ必要としていたため、これでは十分な実験にならないと焦ったものです。

性比（オスとメスの割合）がメスに偏っている状況を前にして、もしやと思い、次の年にはクリサキテントウとナミテントウでオス殺しのスピロプラズマに感染している割合をきちんと調べてみることにしました。すると、京都市北郊の岩倉でサンプリングしたクリサキテントウの集団では、六〇パーセントをこえるメスが感染していました。[23] これらのメスが産んだ卵は半分近くが孵化しなかったため、孵化した幼虫は平均しておよそ一個分の卵を生まれて初めてのエサとして摂取できます。また、これらの幼虫はすべてメスで、オスは一匹も含まれていませんでした。そこで、スピロプラズマに感染しているテントウムシに抗生物質（テトラサイクリン）をエサに混ぜて投与すると、オス殺しの症状はなくなりました（図3－18）。すなわち、孵化率は上がり、幼虫にはオスとメスがだいたい半分ずつ含まれるようになりました。これらの事実から、スピロプラズマがオス殺しを引き起こしていると考えられます。

一方、同じく岩倉にて採集したナミテントウでは、調べた一二匹のメスのうち一匹しか感染していませんでした。この低い感染率は、これまでに報告されているナミテントウについての調査結果と一致しています。

スピロプラズマの感染率がクリサキテントウでは高くナミテントウでは低いという傾向は、滋賀や仙台で行なわれた調査のサンプルでも観察されました。そのため、特定の地域でたまたま流行しているのではなく、広い地域で見られる事象ではないかと予想しています。

あえて病気に感染する

それでは、なぜクリサキテントウは、オスを殺してしまう恐ろしいバクテリアに感染している割合が高いのでしょうか。

クリサキテントウは、ナミテントウとの求愛をめぐる事情から、マツオオアブラムシという価値の低いエサしかいない環境に追いやられています。ところがひとたびオス殺しのスピロプラズマに感染すると、孵化したメスの幼虫は孵化しなかったオスの卵を栄養として摂取でき、その結果、すばしこいマツオオアブラムシをうまく捕まえられるようになります。また、マツオオアブラムシはエサとしての量も少ないので、孵化した幼虫はとりあえず卵を食べておくことで当分の間は飢えることなく活動できます。実際、孵化したあとにたくさんの卵を食べた幼虫は、他に何のエサも食べることなく二齢幼虫へと成長できるのです。つまり、価値の低いエサに特化せざるをえないクリサキテントウにとって、オス殺しに感染する利益が大きいと考えられます。

もちろんクリサキテントウにとっても、オスが産めなくなることは重大なデメリットです。そのため、メリットとデメリットがちょうどつり合うように感染率が決まっているのではないかと考えています。

ナミテントウや他の種類は捕まえやすいエサを利用しているため、幼虫のためにたくさんの栄養卵を用意する必要がありません。したがって、オス殺しのバクテリアに感染するメリットは小さく、大きなデメリットだけが残ります。結果として、バクテリアに感染してもすぐに抵抗性が発揮されてしまうのでしょう。つまり、オス殺しの感染は明らかな「病気」であるため、それが宿主にとって大きなメリットをもたらす場合にのみ、宿主の集団のなかで感染が維持されると考えられます。

生物地理ふたたび

さて、エサ選びの研究では、南北に長い日本列島の中での比較が重要な傍証をもたらしました。すなわち、ナミテントウの分布していない南西諸島では、求愛のエラーから解放されたクリサキテントウがジェネラリストになっていたのでした。この生物地理の考え方は、オス殺しの研究にも大いに役立ちます。

クリサキテントウがスピロプラズマに感染しているのは、マツオオアブラムシという価値の低いエサを食べなければいけないときに利益をもたらすからです。そこで私は、マツオオアブラムシ以外のエサを利用している地域では、クリサキテントウがこのバクテリアに感染している割合が低いのではないかと予測しました。

これまでに、クリサキテントウがジェネラリストでいられる奄美大島・慶良間諸島・宮古島・石垣島といった島々をめぐりましたが、今のところオス殺しのバクテリアに感染しているメスは見つかっていません。どのメスが産んだ卵も孵化率が高く、オスとメスが生まれてきます。もちろん、これから調査を続けていけば感染している個体が見つかる可能性はありますが、本州の状況とは明らかに異なっています。予想通り、エサのメニューとバクテリアの感染率はリンクしていると思われます。

これまでの研究の流れをおさらいしましょう。クリサキテントウはナミテントウと一緒にいると求愛のエラーが災いするので、ナミテントウに見向きもされない価値の低いマツオオアブラムシに特化せざるをえない。そこでは、捕まえにくいエサを利用しているがゆえに、オス殺しのバクテリアがもたらす栄養卵による利益が大きく、結果として高い感染率が維持されている。これが調査の結果から導き出されるストーリーです。バクテリアに対する抵抗性が進化するメカニズムなど、まだまだ分からないことは山積みですが、このストーリーは「あえて病気を治さない」という戦略がありえることを示唆しています。長い道のりでしたが、不合理の連鎖に見える自然界の現象も、進化の理論を用いることで合理的に説明することができました。

鎌状赤血球貧血症

さて、本章を締める前に、クリサキテントウに見られた「あえて病気にかかる」という戦略が、他の生物にも見出される事例を紹介しましょう。その生物とは、何を隠そう、私たち人間のことです。

鎌状赤血球貧血症という病気があります。これは、感染症ではなくて遺伝性の病気です。突然変異によってある特定のDNA配列がT（チミン）からA（アデニン）に置き換わると、そこから生成されるアミノ酸がグルタミン酸からバリンに変更されます。その影響で、赤血球を作るタンパク質「ヘモグロビン」の立体構造が変化してしまい、普通はおまんじゅうの真ん中をつぶしたような形をした赤血球が、鎌状にとがってしまいます。赤血球には血管を伝って酸素を運搬する役割がありますが、鎌状になった赤血球は血管に引っかかったりして貧血などの症状を引き起こします。

私たちの遺伝子は、父親と母親から一組ずつの遺伝子を受け継いだ二組一セットでできています。このとき、両方の親から鎌状赤血球貧血症の突然変異を受け継ぐと（ホモ接合型）、重度な症状によって正常に成長できなくなってしまいます。ところが、父親か母親のどちらか一方だけから突然変異を受け継ぎ、もう片方の親からは正常な遺伝子を受け継ぐこともあります（ヘテロ接合型）。この場合は、比較的軽度な鎌状赤血球貧血症となります。といっても、貧血になれば生活におけるさまざまな場面に影響を与えるはずですから、苦しい病気にちがいありません。

自然淘汰の理屈に従えば、生きる上でデメリットのある遺伝性の病気はなかなか広まらないはずです。ところが、鎌状赤血球貧血症は世界中で今でも多くの患者がいます。なぜそのような突然変異が維持されているのでしょうか。その理由には、もうひとつの病気であるマラリアが関わっています。

マラリア原虫は単細胞の生物で、ハマダラカという蚊によって人へと媒介されます。人の肝細胞にたどりついたマラリア原虫は無性生殖によって増えつづけ、そのあとに赤血球へ侵入していきます。その際、高熱などの症状が出て、ひどい場合は死に至るケースもあります。今でも毎年およそ四〇万人の死者を出しつづけているといわれており、特にアフリカ・アジア・太平洋諸島・中南米の熱帯域で広く流行しています。私も東アフリカのウガンダの熱帯林で調査中にマラリアに感染してしまい、数日間は体に力が入らず苦しんだ思い出があります。

さて、いまだワクチンが実用化されずにやっかいなマラリアですが、特別に抵抗性を持った人々がいます。それが、なんと鎌状赤血球貧血症の患者なのです。マラリア原虫は、鎌状になった赤血球にうまく侵入することができません。したがって、鎌状赤血球貧血症の突然変異を一組だけ持っているヘテロ接合型の人は、貧血という症状があるものの、マラリアの発症から免れることができます。つまり、ある病気（マラリア）に対して有利になるために別の病気（貧血症）が維持されているということです。

マラリアが流行していない地域では鎌状になった赤血球は単にデメリットしかもたらしませんから、抵抗性が進化してその突然変異はほとんど分布していません。その一方で、古くからマラリアが流行している熱帯域では、比較的高い割合で鎌状赤血球貧血症が維持されています。この地理的な比較は、あたかも南西諸島のクリサキテントウではオス殺しのバクテリアが感染せずに、価値の低いエサを利用する必要のある本州でのみ感染率が高いことと似ています。ヒトとテントウムシで同じような進化の妥協がみられるのです。

さて、テントウムシのエサ選びから人間の鎌状赤血球貧血症まで、一見すると不合理な現象を合理的に説明してきました。次の章では国内外で発表されてきた同様の事例をさらに紹介し、「合理的な不合理」の世界を拡大していきましょう。

第四章　適応の真価

――非効率で不完全な進化

1 無駄こそ信頼の証――ハンディキャップ理論

生態学の常識

本章では「一見すると不合理だけれど、実は合理的な現象」について、国内外の研究を紹介していきます。掘り出し物の研究を中心にピックアップしましたが、まずは進化生態学の異端児、イスラエル出身のアモッ・ザハヴィ(一九二八〜)が考案し、あらゆるコミュニケーションの捉え方を一変させた革新的なアイデアについて説明します。

科学の醍醐味は常識が覆されることです。この感動をしっかりと味わうためには、常識が何たるかを認識する必要があります。そこでまずは、進化生態学の教科書によく載っている、生物の行動の常識的な捉え方について学ぶことにしましょう。

生物が生きていく上での戦略は「いかに経済的であるか」にかかっています。いつも利益と損失を考えています。この場合の利益とは、食べたエサの量だとか、その結果としてどれだけ成長できたかといった指標になります。産卵数といった繁殖にかかわる指標も重要です。逆に損失とは、そのエサを見つけるのにかかった時間、エサを捕まえるまでに失敗した回数、子を残すために消費したエネルギーの量などになります。もちろん、利益を増やすだけでなく損失を減らすことも重要ですので、生物の生活はいかに「利益から損失を差し引いた量を最大化させるのか」という問題に帰着します。言い換えると、生きる上でいかに無駄を減らすか、ということになります。これは当たり前のように思えます。無駄の少ない生物はうまく生存して子孫を残していくことができますから、自然淘汰は、生物のもつ形質をより効率的で経済的な方向へと洗練させていくのです。

生き物の行動を人間の経済活動に喩えるのは、行き過ぎた寓話ではありません。どちらも「生活のために、限られた資源をいかに利用していくか」という問題を扱っているからです。現に生態学は、利益と損失のバランスだけでなく、もっと多くの理論を経済学から借用してきました。たとえば、「需要と供給のバランスから価格が決まる」という経済学のアイデアは、生態学になると「新しくやってくる種類と絶滅してしまう種類のバランスから、そこに生息できる生き物の種数が決まる」という有名な仮説になりました。[1] その他にも、生態学の教科書を開いてみれば「荷物運搬の経済学」「飢えのリスク」「社会学習」「生産者とたかり屋」「リーダーシップと投票」というように、経済学をはじめとした社会科学系の教科書と見間違えそうな表現がたびたび現れてきます。[2]

具体的な例として、ハーレム状態のチョウに起こった、節約術をのぞいてみましょう。第三章では、バクテリアに感染したテントウムシがオスを産めなくなり、メスばかりになってしまうという風変わりな現象を紹介しました。同じようなバクテリアによる感染症が、サモアやフィジーといった太平洋の島々に分布するリュウキュウムラサキ（図4－1）というチョウにも流行していた時期があり、これらの集団では、ほとんどの個体

図4－1　フィジーのリュウキュウムラサキ

がメスでごく少数のオスが生き残っていることが知られていました。この状況では、オスが大した競争もなく数多くのメスを独占できるという、非常に珍しいシチュエーションになっています。チョウのオスは、交尾の際にメスへ精子だけでなく「精包」と呼ばれる栄養のつまった物質を受け渡しますが、何度も交尾できるリュウキュウムラサキのオスではさすがにこの精包に用いることのできるエネルギーが枯渇していきます。そこで、オスは一回の交尾（一匹のメス）に対してそれほど多くの「投資」をしなくなります。つまり、精包の量を小出

しにすることで、すべてのメスときちんと交尾できるようになっていたのです。[3] このように、生物も自分が持っている限られた資源をどのように配分するかを常にわきまえ、無駄のないようにやりくりしているのです。

非経済的な生物たち

さて今度は、経済性を度外視した、すなわち「非常識」に見える例を見ていきましょう。進化は派手で無駄に満ちた生物も創り出してきました。派手な生物の定番としてはクジャクが挙げられます。ダーウィンが考察して以来、クジャクは生物の求愛行動を研究する者にとってシンボリックな存在となっています。

本来、鳥の羽は効率よく飛び回るために機能しているはずです。季節の変わり目に何千キロメートルも飛ぶ渡り鳥と、花の蜜を吸うためにホバリングするハチドリとでは、羽に求められる性能は違うでしょうが、いずれにせよ飛ぶことを目的に羽を使っているのには違いありません。ところが、クジャクのオスのあまりにも長い羽は、飛ぶのにかえって邪魔になっています。また、メタリックに輝く目玉模様は、むしろ捕食者に狙われるリスクが高まってしまいそうです。

ご存じの通り、こうした派手さは繁殖のために進化した形質です。求愛の際、オスのクジャクは羽をふるわせてメスにアピールし、メスはじっくりと観察して交尾相手にふさわしいオスを選んでいます。異性の気を引く派手で目立つ形や行動は、効率よくエサをとり、効率よく成長するという観点から見ると、はなはだ非経済的ですが、一方で、動物は成長するだけでなく、成熟したらパートナーと交尾をして子孫を残さなければなりません。だからこそ、成長のためには無駄なことに見えても、繁殖に必要な形質にも惜しみない投資をするのです。オスと違って、異性にアピールする必要のないメスが地味な見た目をしているのは、派手な姿が無駄であることの証拠にほかなりません。

なぜオスは無駄をアピールし、メスはそれを好むのか

クジャクの羽、グッピーの尾びれ、ライオンのたてがみ――オスだけに現れる派手さは、無駄のない洗練された行動と同じくらい、いや、むしろそれ以上に自然愛好家の関心を集めるものです。もちろん、進化生態学者にとっても格好の研究対象です。ここでは、なぜオスは繁殖のためにそもそも派手になるのか、立ち止まって考えてみましょう。この問いは、「そもそも、メスはどうして派手なオスを好むのか」と言い換えることもできます。オスとメスのコミュニケーションにおいて、もっと効率的なアピールの手段はなかったのでしょうか。

メスの立場からすると、生存力の高いオスと交尾できれば繁殖戦略として成功だといえるでしょう。生存力が高いオスとは、たとえばクジャクの場合、ヒョウをはじめとした天敵からうまく逃れることができるほど高い運動能力をもち、エサとなる果実や小動物をたくさん捕まえ、その栄養を効率よく吸収して順調に成長できる丈夫な個体のことを指します。健康で力強いオスの形質が繁殖を通じて後世へと引き継がれるのなら、メスは自分の子の将来についてよい期待を持てるのです。

生存力の高いオスと交尾したいのであれば、なぜメスは体の大きさや運動能力といった生存力を反映する形質でオスの価値を評価しないのでしょうか。オスにしたって、なぜ生存力そのものをアピールしないのでしょうか。あえて無駄に満ちたアピール手段に頼る必然性はどこにあるのでしょうか。生き物たちの派手な模様は私たちに楽しみを与えてくれますが、自然界の原則である効率性という観点からすると、はなはだ不思議な現象なのです。なぜ生きる力とは無関係なところでモテ／非モテが決まるのかという問いが、アモツ・ザハヴィの「ハンディキャップ理論」以前には謎として残っていました。

良きコミュニケーションのために

アモツ・ザハヴィの提唱したアイデアは、無駄こそ信頼の証になる、というものです。[4]

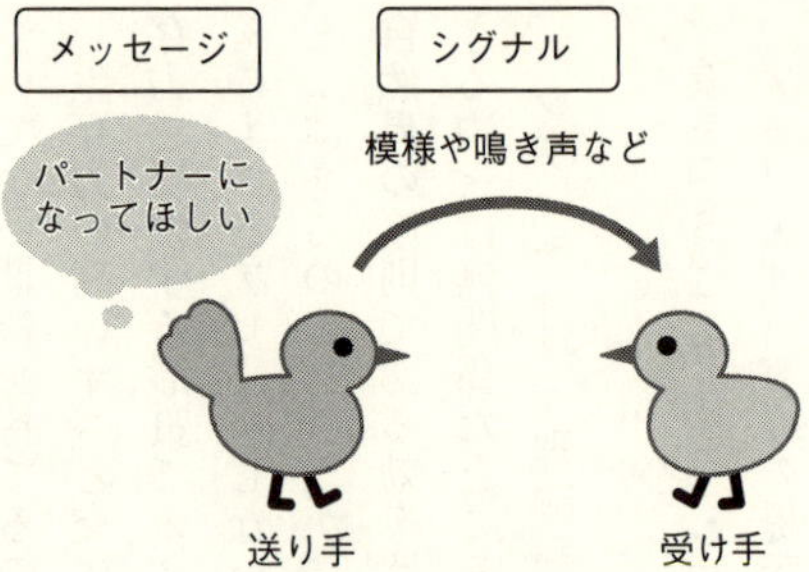

図4－2　シグナルを介したコミュニケーション
メッセージが送り手から受け手へと伝わる

あらゆるコミュニケーションでは、情報を発信する側から受け取る側に何らかのメッセージが伝わります（図4－2）。求愛のときなら、オスは「私はあなたの交尾相手にふさわしく魅力的ですよ」というメッセージをメスに伝えたいはずです。そのメッセージを運んでくれるのが、見た目や鳴き声をはじめとした何らかのシグナル（信号）です。送り手であるオスはメスにこうしたシグナルでアピールして、自分のメッセージを伝えようとしているのです。そして受け手であるメスは、シグナルをもとにしてオスの真意が何であるかを読み解きます。

ザハヴィが考えたのは、「メッセージを正しくやりとりするにはどのようなシグナルが適しているのか」という問題です。メスはオスから発信されたシグナルをもとにして、オスの真価を査定しなくてはなりません。そのためには、シグナルが真実のメッセージを伝えている必要があるのです。ところが、どうしても交尾をしてたくさんの子を残したいオスにしてみれば、手段を選んでいる場合ではないかもしれません。実はそれほど生存力が高くないにもかかわらず、オスはシグナルだけは派手にして格好をつけようとするかもしれません。つまり、求愛のやりとりで相手をだましてまで自分の利益を得ようとする戦略、すなわちニセのシグナルが侵入する余地があります。

ここで重要なのは、あくまでもコミュニケーションが双方向であることです。つまり、オスの目線でばかり考えてはダメなのです。ニセのシグナルは、オスにとって得であっても、メスにとっては信頼に足るものではなく、不都合でしかありません。まんまとだまされて魅力的でないオスと交尾してしまっては、メスにとって得にならないからです。このような状況のとき、メスはどうすればよいでしょうか。メスは偽りが侵入しやすそうな種類のシグナルを無視すればいいだけです。シグナルの受け手であるメスにはこうした対抗手段がありま す。もし、「そのシグナルを発信しているからといってたくましいオスとは限らない」とメスが気づいてしまったら、次の対応としてオスはどうすべきでしょうか。メスに見向きもされずもはやその価値を失ってしまったシグナルではなく、メスの信用を勝ち取るために、「自分は生存力が高くて魅力的なオスですよ」というメッセージを正しく伝えるシグナルを採用しなければなりません。

では、自分が魅力的であるというメッセージを正しく伝えるシグナルとは何なのでしょうか。それは、本当に魅力的なオスではないと発信できないようなシグナルです。逆に言うと、実は魅力的でないオスには発信しにくいシグナルです。良いコミュニケーションのためには嘘を排除して、真実だけをやりとりしたいわけですから、「魅力に応じてシグナルの度合いを変えるべし」という原則は直感にも反しないかと思います。

無駄が信頼を担保する

さて、求愛の際にシグナルとして機能しているのは、オスの派手さに他なりません。それでは、本当に魅力的なオスでないと派手になれないのでしょうか。そもそも生存力の高いオスとは、天敵による攻撃から逃れ、エサを効率よく摂取し、うまく成長につなげることのできる個体です。そして重要なことに、このように十分に成長できるオスは、その余力をもとにして、派手な羽や模様を作り上げるためにわざわざ投資することができます。無駄なコストをかけてもなお、十分な栄養をもとにして暮らしていけるからです。

逆に、実は魅力的でないオスとは、エネルギーを十分に蓄えることのできない個体です。そのようなオスは、派手で無駄な形質に大きな投資をできません。もし見栄をはって派手にしようものなら、自分の生存を引き換えにするしかありません。それは本末転倒というものです。生きることさえままなりません。ですから、魅力のないオスは無理のない範囲で身の丈に合ったシグナルを作り出すことになります。その結果、とても派手な魅力的なオスから、あまり派手でない魅力的でないオスにかけてばらつきができます（図4-3）。そうすれば、メスは派手さという形質をオスの価値を正しく伝えるシグナルとして信頼できるのです。ザハヴィの仮説で重要なポイントは、メッセージを正しく伝えるシグナルにはコストがかかっているということです。ここでいうコストとは、成長や生存のために何らかの犠牲を払っているという意味です。つまり、メスにモテるからといって、すべてのオスが派手な姿になれるわけではなく、他のオスよりうまく成長する能力のあるオスだけが、派手に着飾る余裕をもてるのであり、だからこそメスは安心して派手なオスを選べるというわけです。もしコストがかからないシグナルなら、誰もが発信できてしまいます。そのような安価なシグナルは信頼に欠けるため、コミュニケーションでは採用されません。実用的な側面では無駄にあふれたシグナルだからこそ、信頼が担保されているのです。

図4－3　**ハンディキャップ理論**　生存力の高い個体ほど、シグナル（この場合、羽の大きさ）により多くのコストをかけることができる

こうした実力に応じた差を設けている仕組みがスポーツにおけるハンデに似ていることから、ザハヴィの仮説はハンディキャップ理論と呼ばれるようになりました。また、ここで使われるシグナルは嘘いつわりのないメッセージを伝えることから、正直シグナル(honest signal)と呼ばれています。

無駄を切り詰める倹約家の生物像と、派手なシグナルにコストを投資する浪費家の生物像は、一見すると矛盾するものです。しかしどちらのプロセスも、自然淘汰を通じて個体が増殖していくのに貢献しているという点では共通しています。ザハヴィがもたらした発想の転換は、これから本節で見ていくように、コミュニケーションの見方に新たな視点を与えました。

婚約指輪という無駄

ハンディキャップ理論は人間の世界にも通用します。たとえば、男性にとって大きな買い物である婚約指輪。婚約とは、これから新たな家族として一緒に暮らし、将来にわたって長く家計を共にしていくきっかけになります。そのため、共同生活の大きな目標として、いかにお金を節約していくか、という項目もあるはずです。

ところが現代の日本社会では、婚約指輪という日常生活にはまったく役に立たない高価なものをプレゼントする習慣が広まっています。役に立たないどころか、この高価なプレゼントの購入は家計に大きなダメージを与えることになります。婚約指輪は男性が出費するものですが、近い将来に夫婦で財布がひとつになることを考えれば、女性の立場からしても好ましいとはいえません。なぜ指輪という無駄なものを授受することに男女は納得しているのでしょうか。前述したように、コミュニケーションとは双方向のものです。そこには、女性側の要求と、男性側の必死なアピールがあるわけです。

倹約家である私たちには、同時に浪費家である本性も隠されています。こうした矛盾を理解する手がかりになるのがハンディキャップ理論かもしれません。

彼は余裕のある男性か

結婚相手を選ぶときにはさまざまなものを基準にしています。ルックスの良し悪し、共通の趣味を持っているか否か、性格の相性などなど。こうした基準の中に、相手の経済力も入っているはずです。「自分はそんなことで相手を選んでいません」と思っている方も、無意識のうちに相手の経済状況を判断基準のひとつに含めているはずです。しかしいくら親密な間柄とはいっても、相手の貯蓄額を直接聞くのは気が引けるでしょう。とりわけ、婚約前のスイートな時期には生々しいお金の話は避けたいものです。

それでは、どのようにして相手の経済力を探ればよいでしょうか。ここで婚約指輪をクジャクにとっての美しい羽として捉えてみます。

男性は結婚相手にふさわしい魅力的な存在であることを女性に対してアピールしなければなりません。男性の魅力のひとつが経済力であるならば、男性が女性に伝えたいメッセージは「私はあなたと暮らしていくために十分な経済力がありますよ」というものになるでしょう。ここで、本当にお金に余裕のある男性は高価な指輪を買ってあげることができます。それで貯金が減ったとしても、まだ生活には困らないからです。対照的に、お金に余裕のない男性は身の丈に合った値段の指輪しか買うことができません。ぎりぎりまで無理をするかもしれませんが、借金をしてまで婚約指輪を用意するようでは、日常生活に大きな支障が出てしまうため、お金に余裕のある男性と比べて指輪への出費を抑えることになります。その結果として、婚約指輪の値段は男性の経済力を反映しやすいと予想できます。

女性からすると、相手の経済力を判断するために、デリケートな質問を直接ぶつけるまでもなく、プレゼントされた指輪の値段を査定すればよいことになります。指輪に対する大きな出費は、将来のふたりの家計にとって不安要素になるのではなく、今後の経済的な安定を意味しているからです。日常生活に役立たないからこそ、男女の重要なコミュニケーションで指輪が用いられているのです。このシグナルは決して「でまかせ」ではなく、特定のメッセージを忠実に伝えるものです。ハンディキャップ理論を用いると、婚約指輪の解釈は以上のようになります。

もちろん、普段どこに食事に行くか、どのようなファッションをしているかを見ていれば、婚約前に相手の経済状態をだいたいは把握できるはずですし、プロポーズで婚約指輪を渡すとき、女性はまじまじと指輪の価値を査定して判断を下すわけではありません。そのため、婚約指輪が本当にハンディキャップ理論が示すような正直シグナルとして機能しているのかは分かりません。それに、経済力はあくまでもパートナー選びの基準のひとつにすぎません。しかし、私たちの中にある倹約家と浪費家の共存を説明する上で、ハンディキャップ理論は有望なアイデアになっています。少なくとも男性にとっては、こんなに高い指輪を買わないといけない理由について自分を納得させることができるのではないでしょうか。

なぜ無駄であふれかえるのか

ハンディキャップ理論の奥深さをもっと掘り下げていきましょう。オーストラリアにはクジャクグモ（peacock spider）と呼ばれるクモの仲間が生息しています。オスは体長五ミリメートルほどの小さな体にもかかわらず、華麗な色彩とダンスを組み合わせた求愛を披露します（口絵13）。まずは腹部の背面に折りたたまれている、体毛を発達させた飾りを扇子のようにぱっと広げます。続いて三対目の脚を小刻みに振ってメスにアプローチを仕掛けます。この洗練された儀式の様子はインターネット動画サイトなどでも観ることができますので、ぜひ閲覧をオススメします。

ここでおもしろいのは、その儀式が無駄であふれかえっていることです。つまり、クジャクグモは少なくとも模様とダンスという二つの無駄なシグナルを出しています。さらに、目で見て分かるシグナルだけでなく、腹部で地面を叩くことによって振動をメスに伝えており、これらの組み合わせがパートナー選びの際に重要であることが分かっています。なぜコミュニケーションはひとつのシグナルでは済まされないのでしょうか。そう考えてみると、本家クジャクのほうも、美しい羽だけでなく、甲高い鳴き声も使うことで、視覚と聴覚に依存した複数のシグナルを組み合わせて求愛しています。そこで進化が多彩な無駄を生み出した背景について、順を追って考えてみましょう。

クモの世界観を知らない私たちからすると、クジャクグモのオスはどれもきれいな模様をして、同じようにコミカルなダンスをしているように見えます。オスの間でこうしたシグナルに差がないとすると、メスはそのシグナルにもとづいた判断をできなくなってしまいます。そのため、メスはオスから送り出されるシグナルの微妙な違いを見極めて、もっともふさわしいパートナーを選んでいると考えられます。

とはいえ、生存力の高いオスにより繁殖のチャンスがあり、その形質が子孫へ伝わっていくと、やがてはどのオスも似たり寄ったりになってしまうかもしれません。その場合、メスがオスからのシグナルを評価するのがいくら何でも難しくなってしまいます。そのため、どのオスのシグナルも横並びになるほど進化が到達してしまえば、メスとしては、差がはっきりと分かるような、もっと工夫のあるシグナルを要求するしかありません。

体操競技の採点では、その状況と比較できるような歴史がありました。一〇点満点で採点が行なわれていた時代、審判は目を凝らして、実施された技のわずかな習熟度の違いについて素人には分からないような細かな採点をしていました。しかし競技が成熟してどの選手も上手に演技するようになると、審判は演技の甲乙をつけがたくなり、観客にしてもどの演技がもっとも素晴らしいのか判断できなくなってしまいました。その結果、一〇点満点という上限は撤廃され、難しい技を実施するほどその分だけ点数が加算されるシステムに変更になったのです。今では優秀な選手ほどより高度な技を実施するようになり、演技の得点に差がつきやすくなっています。

このように、ある特定の基準を用いて審査しにくくなってしまうと、より見分けやすい新たな基準が採用されるようにルールが変更されます。これはすなわち、より華やかなシグナルが登場することを示唆しています。同じようなシナリオは自然界にも期待できるでしょう。

新たな審査基準

クジャクのオスは美しい羽を広げてメスにアピールしますが、メスは具体的にはどのように採点しているのでしょうか。これまでは、オスの羽にある、メタリックに輝く目玉模様の数が求愛のコミュニケーションで重要だと考えられてきました。この目玉模様が生きるための無駄、すなわち魅力的なオスをアピールするためのシグナルだということです。

ところが、オスの羽にある目玉模様の数と求愛の成功率を詳しく解析したところ、目玉模様の数は「一次審査」として使われていることが分かってきました。カナダとアメリカの動物園で調査された報告によると、オスの目玉模様の数は少ない個体で約一二〇個、多い個体で一六〇個以上にもなりますが、目玉の数がある基準（およそ一四五個）よりも少ないオスはメスから選ばれず、かといってその基準を突破してしまえば、目玉模様の数が多いほどメスにモテるというわけではなかったのです。[6] 体操競技の採点をしている審判よろしく、メスはオスの目玉模様をまじまじと観察しますが、まさか紙と鉛筆を使って数え上げるわけにはいきません。目玉模様の数がほとんど変わらない魅力的なオスがいた場合、メスは違いを見出すことがいっそう難しくなってしまいます。そのことが、目玉模様の数だけで交尾相手が決まらないことの一因になっているでしょう。

そこで新たなシグナルとして、鳴き声が追加された可能性があります。[7] 目玉模様の数という一次審査を突破したオスの中では、甲高い声を響かせることがメスに対する重要なアピールになっていると考えられます。おそらく、目玉模様と鳴き声のどちらか一方だとメスはオスを評価しにくいのでしょう。そのため、進化のプロセスにおいて複数のシグナルが使われるようになったと考えられます。

複数のアピール手段を利用している動物は少なくありません。クジャクグモの「模様」「ダンス」「振動」を組み合わせた複雑な求愛行動も、審査基準が更新されてきたことを示唆しています。既存のシグナルが機能しなくなり、コミュニケーションの用をなさなくなると、新たなシグナルが登場するようになるのです。結果として、コミュニケーションがより信頼性のある強固なものになり、そして効率的に生きるためには役に立たない形質が生まれては維持されていきます。無駄に満ちあふれた世界は進化のパラドクスではなく、自然淘汰による必然的な帰結として存在しているのです。

本節では自然界の現象と人間社会のコミュニケーションを比べながら考察してきました。こうした擬人化は、非科学的なたとえ話ではありません。それどころか、動物と人間のコミュニケーションを同じ枠組みで理解できることを意味しています。何せ、私たち人間もこの地球上で進化してきた生物の一種なのであり、言語や計算といった特別な能力に長けているものの、生物としての基本的な仕組みは変わらないからです。そのことが、普遍的な理論の持つ強みであるといえるでしょう。

2　役立たずなオス——性が存在する理由

性とは何か

クジャクの美しい羽の研究に限らず、オスとメスの関係は進化生物学で盛んに研究されているテーマです。オスとメスのコミュニケーションがあるからこそ、一見すると生存には不都合にみえる形質や多様なシグナルが進化しうるのです。ところが、そもそもなぜ性が存在するのかという問題は、未解決のまま残されています。

性について今さら何が問題なのでしょうか。なにせ私たち自身も男と女がいますし、身の回りのほとんどの種類にはオスとメスが含まれていますから、性が存在すること自体はごく当たり前のように感じられます。ところが、進化のロジックを単純に用いると、性、特にオスの存在には重大な無駄が伴っていることが分かります。繁殖に必須とも思える性に無駄が含まれているとは、一体どういうことなのでしょうか。そして、本当にオスが無駄なのであれば、自然淘汰に晒されている生物に、なぜそのような無駄が維持されているのでしょうか。

性は私たちにとって当たり前の存在ですが、問題はその「存在理由」にあります。

立ち止まって、まずは性とは何であるか、生物学の定義を押さえておきましょう（ここでは、社会学などで議論されている性、いわゆるジェンダーなどについては考察しません)。一般的な性の定義は、「複数の個体で遺伝子が混ざり合うこと」になります。複数の個体の遺伝子を混ぜる仕組みで次世代の子を産む方法を「有性生殖」と言います。逆に、遺伝子を混ぜることなく単体で子を残す方法は「無性生殖」と呼ばれています。無性生殖にもいろいろな方法があって、一部のトカゲのようにメスが交尾することなく子(卵)を産んだり(単為生殖)、接ぎ木やヒトデのように生物個体の一部から新たな個体が再生されることもあります。iPS細胞の研究で広く認識されたように、個体のすべての細胞には同じセットの遺伝子が含まれており、その遺伝子に描かれた設計図をもとにすれば個体の一部から新たな個体を誕生させることもできるのです。

一方、有性生殖の場合、メスが子を残すためには受精が必要になります。つまり、オスとの交配が一生の中に組み込まれているのです。ただし、少数派ではあるものの無性生殖できる生物がいることを考慮すると、生物にとって有性生殖は必須ではないと考えられます。そもそも、初期の生物は無性生殖をしたはずですから、有性生殖はその後に発明された戦略にすぎません。メスがメスを産み続けていれば、オスの出番はなくても生命はつながっていくわけですから、なぜ性が存在するのかという問題は、「なぜオスが存在するのか」と言い換えることもできるでしょう。

性がなければクジャクの羽もクジャクグモのダンスもなく、美しくも無駄にあふれたシグナルが花開くことはありませんでした。実際、オスとメスのコミュニケーションを必要としない無性生殖種は派手なシグナルに時間やエネルギーを浪費する必要がないので、倹約家としての生物を全うしているはずです。

二倍のコスト

オスがいるとはどういうことなのでしょうか。問題点をはっきりさせていきましょう。オスというのは、メスと交尾して自分の遺伝子を受け渡すことはできますが、自分で子を産むことはできません。オスにとって「子を残す」とは、自分の遺伝子をメスに託すことを意味しています。一方、メスは自分自身で子を産むことができるので、直接的にその生物の増殖に寄与しているといえます。ところで、有性生殖である以上、生まれてくる子にはオスとメスの両方がいます。ここでは単純に母親がオスとメスを同じ数だけ産むとしましょう。つまり、二匹の子を産むことができたとしたら、その中にはオスとメスが一匹ずつ含まれていることになります。このとき、生まれてきた子の半分であるオスは、増殖に直接寄与しないことになります。

ところが、この仕組みを無性生殖と比較してみると、意外なことに気づきます。無性生殖は、「メスがメスを産む」システムだと考えてください。上記の有性生殖の例と同じように、あるメスが二匹の子を産むとすると、オスはいませんから子は二匹ともメスになります。これらの子は、どちらも自分自身で子を産むことができます。つまり、遺伝子だけ託して他にはほとんど何も貢献しないオスがいない分、より効率的に増殖し続けることが可能になります。単純には、無性生殖では有性生殖と比べて二倍のスピードで増え続けることができます（図4－4）。

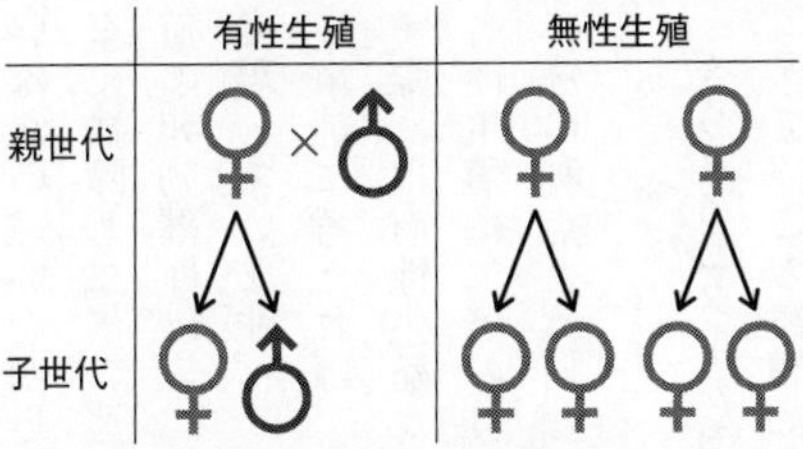

図4－4　性の二倍のコスト　有性生殖では、メスはオスと交尾し、娘と息子を産む。無性生殖では、メスは交尾せずに、娘だけを産む。次の世代になると、無性生殖の個体数は有性生殖の倍になる

繁殖がくり返される間、自然淘汰によるチェックが毎世代絶え間なく続きます。そのプロセスにおいて、たとえ一パーセントでも有利な戦略があったなら、その戦略は世代を重ねるごとに集団の中に広まっていき、やがてはすべての個体がその戦略を採用するように固定されます。進化では、わずかな差が大きな違いをもたらすのです。

もしある戦略がほかと比べて二倍もの増殖率をもたらすとしたら、それは圧倒的に有利になります。生物の進化においてそれほどまでに格差のある状況は簡単には思い浮かびません。無性生殖と有性生殖の比較は、まさにこうしたありえな

いほどの違いを明らかにしています。オスという無駄を生産する有性生殖が、その無駄を完全に排除し二倍の速度で繁殖できる無性生殖に勝てるはずがありません。今日では、有性生殖の非効率性は「二倍のコスト」と呼ばれており、この謎がいかに難問であるかを象徴的に表現しています。

単純に考えれば、今ごろ世界は無性生殖の生物だらけになっているはずです。ところが、実際には有性生殖が席巻しているのです。つまり、性の存在と普遍性を説明するためには、有性生殖に二倍のコストを克服できる利点がなければならないと考えられています。はたしてその利点とは何なのでしょうか。

さらなるコストがもたらす矛盾

さて、この難問に取り組む前に、さらに不都合な事実を紹介しましょう。もしかしたら性には二倍以上のコストがあるかもしれないのです。有性生殖は、単に増殖率が低いだけでなく、繁殖のために交配する相手を見つけることを課してきます。しかも動物の場合は、たとえオスがメスを見つけたところで交尾に至るかどうかは分かりません。シグナルの説明で見てきたように、メスによる選抜が待ち構えているからです。もしもある特定のオスがたくさんのメスを確保できたとすると、その分多くのオスが交尾できずに生涯を終えることになります。つまり、自分の遺伝子を次世代につなぐことができません。

植物だって同様です。被子植物の花が美しいのは、本来人の目を楽しませるためではありません。花が有性生殖するためには、ハチやアブといったポリネーターを招き、花粉を別の株の柱頭へと運んでもらう必要があります。そのために、植物は花びらによって見た目にアピールするだけでなく、花蜜を用意して動物を引き寄せます。つまり、花は有性生殖をするためのコストをかけた道具なのです。

不都合な事実はまだあります。オスはたくさんのメスと交尾したいがゆえに、メスにとってコストになるような行為さえも厭わないことが知られています。モンキチョウやアゲハチョウの仲間では、よく一匹の（もしくはそれ以上の数の）オスがメスの周りにくるくるとまとわりついて飛んでいるのが観察されます。これは陽光の下で起きている、オスとメスの微笑ましい求愛の光景ではありません。たいていの場合メスはすでに交尾をしており、受精に必要な量の精子を体内に蓄えています。そのため、これ以上交尾する必要はなく、それよりはむしろ、捕食者から身を守りつつ、栄養をたくさん摂取して、産卵に備えるほうが重要です。ところが、オスは交尾できるかもしれないというわずかな望みにかけて、メスに「ちょっかい」を出し続けます。こうしたオスの利己的な行動はメスにとってははっきり言って邪魔なだけです。オスがメスにもたらすこのような行動は、進化学の専門用語として「セクシャルハラスメント」と呼ばれており、オスは不要どころか、繁殖の邪魔をする存在にまでなってしまったのです。

進化学最大の問題への挑戦

以上見てきたように、有性生殖は二倍のコストという明らかな欠点を含んでいるにもかかわらず、自然界の生殖システムとして卓越しています。この矛盾が、進化学最大の問題という称号を与えられた所以です。ここからは、二倍のコストを克服していく生物学者の挑戦と限界を見ていきましょう。

まずは、有性生殖が「遺伝的多様性」を高めるという仮説について検討します。みなさんの中にも、有性生殖の利点としてこの仮説を思い浮かべた方も多いかもしれません。続いては、「赤の女王仮説」と呼ばれる仮説を紹介します。これは、他の種類との関わり合いによって性が維持されているというトリッキーなアイデアですが、進化学の専門家の間でも、この仮説は定説として受け入れられています。

ところが、遺伝的多様性も赤の女王も、二倍のコストを覆すには十分ではありません。そこで最後に、生物学の教科書に載っていないばかりか、専門家の間ですらいまだほとんど知られていない、とっておきの仮説を紹介します。この仮説は、既存の仮説の問題点をクリアし、二倍のコストの問題に異なるアプローチから迫るものです。ひょっとしたら、真実にもっとも近い合理的なアイデアとして、今後世界に広まっていくかもしれません。

それでは、謎に満ちた魅惑的な性の世界へようこそ。

遺伝子のシャッフル

性の本質とは何か。それは、他の個体と遺伝子をシャッフルさせることです。有性生殖では、父親と母親に由来する遺伝子が半分ずつ組み合わさり、それが新たなセットとして子の遺伝子となります。このように、親と異なる遺伝子の組み合わせが生じるプロセスを「遺伝的組み換え（recombination）」と呼びます（「遺伝子組み換え作物」に代表されるような、バイオテクノロジーによって人工的に一部の遺伝子を操作することとは異なる概念です。本節で扱う遺伝的組み換えはあくまでも有性生殖によって自然に起きる現象を指しています）。

無性生殖では遺伝的組み換えが起こりません。無性生殖によって生まれた子は親と同じ遺伝子のセットを持っています。つまり、遺伝的に同一なクローンであるといえます。もちろん無性生殖でもランダムな突然変異によってDNAの配列に変化が生じることがありますが、その確率はとても低いため、基本的には遺伝子の組み合わせがほとんど変わらない個体によって集団が形成されていると考えてよいでしょう。

有性生殖ではすべての個体が異なる遺伝子のセットを持っているので、そこから生まれてくる組み合わせもまた多様です。同じ種類であっても、無限ともいえる個性が集団の中に維持されることになります。この遺伝的な多様性が、有性生殖の謎を解く手がかりになるかもしれません。つまり、「数」では二倍の増殖率を持つ無性生殖にはかなわないので、有性生殖は「質」で勝負しているはずだ、ということです。[8]

シャッフルのメリットとデメリット

有性生殖による遺伝的組み換えのメリットとしては、「有益なタイプの創出」と「有害なタイプの排除」のふたつが考えられます。まずは前者から検討してみましょう。生物が暮らす環境は絶えず変化しているため、生物が必要とする遺伝子の組み合わせも時とともに変化していきます。この点において、遺伝的組み換えによって多様なタイプを創出できる有性生殖は有利になるでしょう。別の個体が有益な遺伝子を持っているなら、遺伝的組み換えを通じて自分の子孫へその遺伝子を受け渡していくことで、最適な遺伝子の組み合わせがすばやく達成されやすくなります。

それに対して無性生殖では、たとえ別の個体が有益な遺伝子を持っていたとしても、それをシャッフルして最適なセットを創り出すことができません。互いに交配できないならいつまでたっても独立した系統のままです。むしろ、それぞれの系統は互いに競争相手になってしまいます。遺伝子Aをもつ系統がより効率よく増殖するなら、やがては遺伝子Bをもつ系統を駆逐してしまいます。その結果、せっかく集団内に生じた遺伝子Bを活用できないまま排除することになってしまいます。

以上のように、有性生殖による遺伝的組み換えは、有益な遺伝子を活用する点では効率的であるといえそうです。しかし、欠点がないわけではありません。有性生殖では、たとえ完璧な個体が現れたとしても、それをそのままクローンとして増やすわけにはいかないからです。完璧な個体も、次世代の子を産むためには必ず遺伝子をシャッフルしなければならず、そこで完璧さは損なわれてしまいます。

たとえ話として、トランプのポーカーを考えてみましょう。[9] このゲームでは、手持ちの五枚のカードのうち何枚かを交換することで、運が良ければポイントの高い組み合わせが出来上がります。たとえば、五つの数字が同じマークで連続するストレートフラッシュ（例：ハートの8、ハートの9、ハートの10、ハートのJ、ハートのQ）は、なかなか揃わない組み合わせです。こうした良い組み合わせができたらカードの交換を終了して自分の勝利といきたいところです。ところが、ここでもう一度カードを交換しなければならないとしたらどうでしょうか。せっかく到達したストレートフラッシュも崩れてしまい、交換した後には「クローバーの3、スペードの5、ハートの10、ハートのJ、ハートのQ」のような不完全なセットになってしまう可能性が高いでしょう。シャッフルすることで良い組み合わせを作り上げることもできますが、シャッフルを続けた場合は良い組み合わせが失われるというデメリットもあるのです。

有性生殖というオスとメスのゲームにおいては、遺伝子のシャッフルは毎世代起こります。そのため、有性生殖は最適なセットの遺伝子をすばやく創出できる一方で、その完全さをも破壊してしまいます。有性生殖によって最適な組み合わせが実現したなら、すぐに無性生殖に切り替えて——ということができればよさそうですが、そんな器用なことをしている生物は知られていません。望むと望まぬとにかかわらず、有性生殖は生活史の中に組み込まれているのです。

マラーのラチェット

次に、遺伝的組み換えがもたらす有害なタイプの排除について考えてみます。生物のDNAには時に突然変異が発生して、DNAの配列が変化します。その結果、DNAの配列を元にして生産されるタンパク質の構造が変化し、それまでとは異なる機能をもつようになる場合があります。先ほど説明したように、DNA配列の変化はごく稀に生物にとって有益な変異をもたらし、自然淘汰による進化の原動力となります。ところが、ほとんどの突然変異は生物にとって良くも悪くもない中立なものか、あるいは生存や繁殖にとってデメリットを与えるものになるでしょう。突然変異の効果はあくまでランダムなので、生物にとって都合のよい変異が生じるわけではないのです。

ところが、有害な突然変異が生じたとしても、有性生殖にはそれを集団の中から排除する仕組みが備わっています。有益なタイプの創出で説明したように、有性生殖では遺伝子が毎世代シャッフルされるからです。たとえ集団の中に「有害遺伝子A」「有害遺伝子B」「有害遺伝子C」のように、デメリットをおよぼす複数の遺伝子が出現しても、うまい具合に遺伝子が組み合わされれば、これらの有害な突然変異をひとつも持っていない個体が新たな世代として生まれてきます。つまり、有益なタイプの創出と有害なタイプの排除はコインの表と裏のようなもので、どちらも遺伝的組み換えによって遺伝的な質の向上をもたらします。

その一方で、無性生殖ではこのように有害な突然変異をすばやく排除する仕組みがありません。無性生殖では一度生じた突然変異がそのまま次世代に引き継がれるためです。そして長い目で見ると、そうした突然変異がいくつか発生してしまい、有害な遺伝子がゲノムの中に徐々に蓄積されていきます。もちろん長期的には有益な突然変異が起こることもありますが、多くの突然変異が有害であることを考えると、刻一刻と、遺伝的な質が劣化する方向へと導かれているのです。結局、無性生殖はうまく増殖することができなくなり、その集団は途絶えてしまうと考えられていました。[10]

無性生殖において有害な突然変異がたまっていくプロセスは、その研究を進めたアメリカの遺伝学者ハーマン・マラーにちなんで「マラーのラチェット」と呼ばれています。ラチェットとは、一方向の動作を行なうと同時に反対方向の動作を制限している機械の仕組みを指します。車を持ち上げるときのジャッキや、テニスのコートでネットを巻き上げるための道具に使われています。また、「結束バンド」も同じで、一度固くしばってしまうと緩めることができない仕組みになっています（図4－5）。このようなラチェットの不可逆性が、無性生殖において有害な遺伝子が排除されずにただ溜まっていく様子の比喩になっているのです。

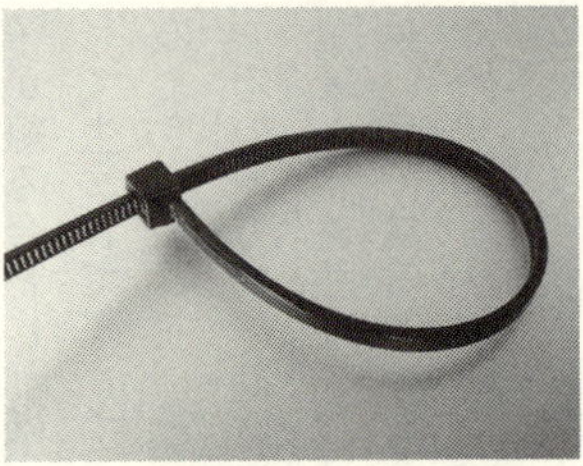

図4－5　**結束バンド**　一度締めたら元に戻すことができない、ラチェットと同じような仕組み

自然淘汰の先見性のなさ

有性生殖はマラーのラチェットによって蓄積された有害な遺伝子を排除する仕組みとして有望でしたが、この考えにも論理的な弱点があります。有害な遺伝子は自然淘汰によって集

団から排除されやすいことを先に述べましたが、そのことは無性生殖を採用している種類でも働きます。つまり、有害な遺伝子を持った個体はそもそも生き残ることが難しいので、有害な遺伝子が蓄積しにくくなるのです。このように、無性生殖であってもラチェットを緩める手立てがあるので、有性生殖の卓越を説明する十分なメカニズムとして考えられていません。

さらに、有益なタイプの創出と有害なタイプの排除という二つのアイデアには、共通して決定的な欠点があります。それは、どちらも「長期的な利益」を念頭に置いていることです。たしかに、遺伝的組み換えによってさまざまなタイプを創出しておけば、これから起きるかもしれない環境変動にもうまく対応できそうです。同じように、遺伝的組み換えは有害な遺伝子が将来的に蓄積されてしまうのを防ぐはたらきがあります。しかし、自然淘汰は毎世代はたらくプロセスですから、将来のことを見越した戦略であろうと、その時々の状況に適していなければ普及していきません。そう考えると、無性生殖は圧倒的に「短期的な利益」を得られる戦略であり、その半分の増殖率しか持たない有性生殖は太刀打ちできないのです。

遺伝子のシャッフルによる遺伝的な質の向上は、有性生殖の進化を説明する理由として一般には広く知られていますし、直感的にも理解しやすい考え方です。私も高校時代、遺伝的な多様性にもとづいた解説を授業で教わった記憶があります。しかし、この仮説だけでは有性生殖の維持を十分に説明できないことは、進化生物学者の間でよく認識されていることです。だからこそ、真実に向けた研究の歩みはとどまることなく、そして次に登場する、進化生物学の天才が出番を待っていたのです。

ハミルトンの登場

有性生殖による遺伝的組み換えは長期的には利益をもたらすかもしれませんが、短期的には無性生殖のほうが有利だろう、というのがこれまでの流れでした。有害な突然変異はすぐに蓄積されるわけではありませんし、環境の変動がしょっちゅう起きているわけでもありません。そうそう起こらない環境の変化に備えて慎重に生きていくより、二倍のスピードでどんどん増殖していくほうが、圧倒的に有利だというのは理解しやすい話です。

いや、そうではなくて、現実の自然界は毎世代新たな遺伝子の組み合わせが必要になるくらいダイナミックに変動しているのではないか。このようにして「有性生殖の短期的な利益」を考え出したのが、イギリスのウィリアム・ハミルトンでした。

一九六四年、若きハミルトンは「血縁淘汰」と呼ばれるアイデアを提唱したことで一躍進化生物学の中心人物となりました。それまでの自然淘汰の考えでは、「自分の持っている遺伝子が次世代へ引き継がれる効率」に目が向けられていました。ところが、自分の中に含まれる遺伝子は、親子や親戚といった血縁関係の近い個体にも共有されている確率が高くなります。そのため、血縁者の生存や繁殖を助けることで、自分の遺伝子（の一部）を次世代に伝えることに貢献できます。これがハミルトンの提唱した血縁淘汰と呼ばれる概念です。血縁淘汰は自然淘汰説の必然的な拡張ですが、ダーウィン以降の進化生物学におけるもっとも重要な発見であるとも見なされています。

血縁淘汰の考えによって、たとえば働きバチや働きアリのような、自分では繁殖をせず、（血縁者であり繁殖の中枢である）女王のために尽くす利他的な行動を理解できるようになりました。リチャード・ドーキンスは『利己的な遺伝子』（一九七六年）の中で遺伝子中心的な生物観を提示しましたが、もとのアイデアをたどればハミルトンに帰着するといえます。ハミルトンは血縁淘汰説を提唱しただけでなく、一部のダニやハチで見られる極端な性比（オスがごく少数でメスに非常に偏った集団）を説明するための理論を一九六七年に発表し[11]、さらにその後も理論生物学の新しい仮説をいくつも提唱してきました。

赤の女王

さて、そんなハミルトンも、進化生物学最大の謎——なぜ有性生殖は無性生殖に卓越したのか——に取り組みました。この謎を解くにあたって、従来の研究者たちは主に遺伝学的な視点から解析を試みてきました。ところが、ハミルトンは生態学的思考、つまり「他種との関わり合い」という視点を取り入れました。他種とは一体誰なのかというと、その生物に感染する病原菌や寄生虫（これらを総称して寄生者といいます）の存在です。なぜオスとメスの話に寄生者が登場するのか、と意外に感じられるかもしれませんが、その辺がハミルトンの奇抜さを表しています。

病原菌や寄生虫が繁殖していくためには特定の宿主へ感染する必要があります。それに対して、宿主は寄生者に感染されないように何らかのバリアを設けます。このように、宿主と寄生者はせめぎ合っていますが、寄生者はその宿主よりも体が小さくて短い期間で世代を更新するので、宿主より何倍も速く進化することができます。したがって、宿主が作りだすバリアもいずれは寄生者の新たな適応によって突破されてしまいます。ひとたび宿主のバリアをくぐり抜けるよう進化してしまえば、宿主の他の個体へと一気に感染を拡大するチャンスが生まれます。

感染を防ぐために、宿主は寄生者からの新たなアタックを防がなければなりません。では、このように遺伝的な新規性を生み出すためにはどうすればよいのか。それが有性生殖による遺伝的な組み換えです。もちろん、寄生者の進化スピードには追いつけないかもしれませんが、遺伝情報が変化しないクローンを生み出し続ける無性生殖とちがい、有性生殖では多様なタイプのバリアを毎世代生み出すことができます。そのうちのいくつかは、寄生者が対抗できないタイプとして生き残るでしょう。つまり、遺伝的組み換えは将来の環境変動や遺伝的な劣化への長期的な対応策なのではなくて、寄生者に対抗するために毎世代必要とされている短期的な対応策だというわけです。[12]

寄生者にもとづいたこのアイデアは、「赤の女王仮説」として知られています。赤の女王とは、ルイス・キャロルの小説『鏡の国のアリス』の中に登場するキャラクターです。アリスが迷いこんだ幻想的な世界では、大急ぎで走っていても、周りの景色が変わらずに、別のところへ行き着くことができません。この奇妙な現象について、赤の女王は「同じ場所にとどまるためには、走り続けないといけない」とアリスに語りかけます。寄生者と宿主の関係もこれと似ていて、宿主が新たな遺伝子を生み出しても寄生者がすぐに対抗し、次の世代で宿主がさらに遺伝子を改変してもまた寄生者に追いつかれるというように、宿主と寄生者の両方がめまぐるしくせめぎ合っているのに、結局は「寄生者が宿主に寄生している」関係は何も変わっていないように見えます。赤の女王と命名されたこの仮説は、寄生者と宿主の遺伝的な組み合わせが、安定してとどまっているのではなく、ダイナミックに変化しているさまを巧妙にたとえています。

第二章で説明した「昆虫と植物の共進化（軍拡競走）」を思い出してください。植物は昆虫に食べられないように特別な化学物質を生産する一方で、昆虫はうまく消化できるように解毒作用を進化させます。このレースは絶え間なく続き、はたから見ると、どの世代も「昆虫が植物を食べている」という状況に変わりはありませんが、内部では昆虫と植物の双方において絶え間ない進化が起こっていると考えられています。これも一種の「赤の女王」的な状況といえます。

それにしても、ラチェットといい赤の女王といい、広く支持されるような仮説は、ネーミングのセンスがすばらしいですね。というよりもむしろ、こうした愛称によって仮説がより広く認知されることで、進化学における主要な仮説へと昇華されていったのかもしれません。有性生殖のような生物学上の中心的なテーマでは、特にこのような印象的なたとえが科学の議論に貢献したと思われます。

赤の女王の限界

進化生物学に詳しい読者なら、赤の女王仮説を有性生殖の維持を説明するもっとも信頼のおける仮説として考えているかもしれません。マット・リドレーの『赤の女王』(一九九三年)と題したポピュラー・サイエンスの本でも、書名のとおり赤の女王仮説が中心的に紹介されています。

しかし赤の女王仮説も、遺伝的多様性仮説と同様の問題を抱えています。たとえ寄生者に対して完璧なバリアを生み出すことができたとしても、次の世代ではそのベストな遺伝子の組み合わせを崩さないといけません。つまり、世代をまたいでバリアを維持できないのです。こうした問題を抱えている以上、寄生者に対抗する術《すべ》を与えてくれる有性生殖の長所も、二倍の増殖スピードをもつ無性生殖の実力にはかないません。実際、寄生者という要素を考慮しても、有性生殖がなかなか優勢にならないことが理論的に確認されています。現在では、赤の女王のメカニズムだけでは有性生殖の普遍性を説明しきれないというのが大方の進化生物学者の共通認識になっていると思われます。[13]

本書では紹介しきれませんでしたが、「有益なタイプの創出」「有害なタイプの排除」「赤の女王」の他にも、有性生殖を説明するための仮説が何十個も存在しています。どれもそれなりに説得力があり、少なくとも特定の状況では有性生殖の優位を説明できそうですが、どうしても無性生殖の増殖率に打ち勝つことが難しいため、それぞれの仮説単独では有性生殖の普遍性を説明できません。それほどまでに二倍のコストは強力な障壁であり、有性生殖ならではのデメリット（オスからメスへのセクハラや遺伝的な完全さの喪失など）も考えていくと、二倍のコストを覆すという方向性では決定的な解決には至りそうにありません。

このような混沌とした状況の中、複数の仮説を組み合わせた多元的な解釈も出てきています。有害な突然変異を排除する効果や寄生者に対抗する効果をすべてひっくるめると、有性生殖のほうが無性生殖よりも有利になるのではないか、という見方です。[14] しかし、有性生殖の研究に長年取り組んできたアレクセイ・コンドラショフは、以下のような言葉を残しています。

このような考え方は好きじゃない。性のような美しい現象は、洗練されたシンプルな理論によって説明されるべきであって、ごちゃごちゃとした複数の要因によってこの物語を台無しにしないでほしい。[15]

シンプルな理論はシンプルであるがゆえにさまざまな生物に適用できるはずなので、性のような極めて普遍性の高い現象には、やはりシンプルさを追究する科学アプローチのほうが実り多いのかもしれません。というわけで、進化生物学と真剣に向き合っている研究者の前に、いまだに有性生殖の維持は未解決の大問題として君臨していたのです。

暗黙の前提を疑う

「有益なタイプの創出」「有害なタイプの排除」「赤の女王」では有性生殖の普遍的な卓越を

説明しきれないことが分かったところで、いよいよ真打ちとなるアイデアに登場してもらいましょう。

新しいアイデアの根幹にあるのは、無性生殖タイプと有性生殖タイプの交配という着想です（図4-6）。これまでの仮説では、無性生殖と有性生殖の増殖を比べるとき、あたかも「無性生殖をするA種」と「有性生殖をするB種」というように、互いに交配のできない二種類を比較しているようなものでした。「無性生殖種」と「有性生殖種」の間で、遺伝子の組み換えが起きることは想定しておらず、暗黙の前提として、A種とB種は互いに別種であると見なされていました。そのうえで、増殖率の高い無性生殖種に対して遺伝的に多様な有性生殖種がいかにして競争に勝てるのか調べられていたのです。

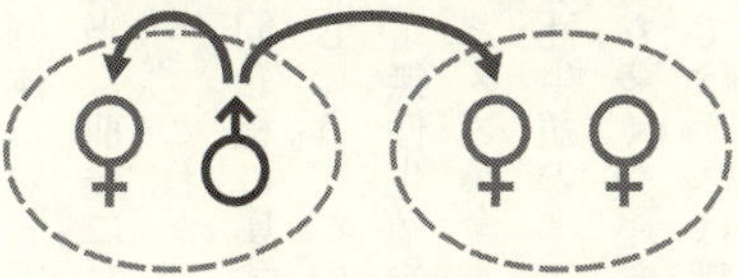

図4－6　有性生殖系統と無性生殖系統の交配
オスは有性生殖するメスだけでなく、無性生殖するメスに対しても求愛できる。なぜなら、2つの系統は互いに隔離された別種ではなく、あくまでも交配可能な同種だからである

ところが、無性か有性かという選択肢はあくまでも戦略のひとつに過ぎません。そうである以上、「無性生殖するA種と有性生殖するB種という別々の種類がいたとき、いずれが卓越するか」ではなく、「無性生殖か有性生殖かという選択肢があったとき、どちらが戦略として広まっていくか」という問いを立てねばなりません。そのため、無性生殖を採用した個体と有性生殖を採用し

た個体との間で交配が生じ、遺伝子のシャッフルが起きることは、この問題を考える上での妥当な前提になるはずです。無性生殖タイプと有性生殖タイプの間で起こる遺伝子のシャッフル、これが今までの研究で欠けていた視点でした。

同じ種に属する個体のなかに、無性生殖タイプと有性生殖タイプがいる状況を想定してみましょう。[16] この二つのタイプが交配するとはどういうことなのか、具体的に説明していきます。無性生殖をしている個体はすべてメスです。それに対し、有性生殖している集団にはオスとメスが含まれています。オスは当然、有性生殖のメスに求愛しますが、それに加えて、無性生殖のメスにも求愛します。なぜなら、オスにしてみれば同じ種類に属しているメスとより多く交尾して自分の遺伝子を次世代に多く残したいからです。

ではオスは無性生殖のメスとすんなり交尾できるのかといえば、そうは簡単に進みません。無性生殖のメスにとって、オスと交尾するということは、有性生殖タイプの遺伝子を引き継ぐことを意味しています。つまり、オスと交尾したら息子も産むことになり、二倍のコストが発生するので、増殖の効率が低下します。したがって、無性生殖のメスからすると、たとえ有性生殖のオスが求愛してきたとしてもそれを拒否して無性生殖を続けるのが原則的に好ましい戦略であると考えられます。

このように、無性生殖を続けたいメスと、なんとしても有性生殖を行ないたいオスがいます。はたしてこの対立はどのような結末を迎えるのでしょうか。

有性生殖が広まるメカニズム

無性生殖タイプと有性生殖タイプが共存している状況では、特に有性生殖のオスが有利となるメカニズムが存在しています。そのメカニズムとは、オスとメスの割合（性比）の調整です。通常の生物では、オスとメスの割合がだいたい等しくなりますが、これは個体数の少ないほうの性が有利になるメカニズムがあるからです（図4-7）。つまり、オスばかりの集団では、少数のメスをめぐる競争が激しくなってしまうため、メスになったほうが確実に子孫を残せます。対照的に、メスばかりの集団では、オスの個体はまさに「ハーレム」となり、たくさんのメスと交尾をして自分の遺伝子を効率的に次世代に残すことができます。以上のように、オスが多いときはメスが有利で、メスが多いときはオスが有利になります。このような少数派が有利という条件では、やがてどちらの性も少数派（多数派）ではない状況、つまりはオスとメスが同じ数

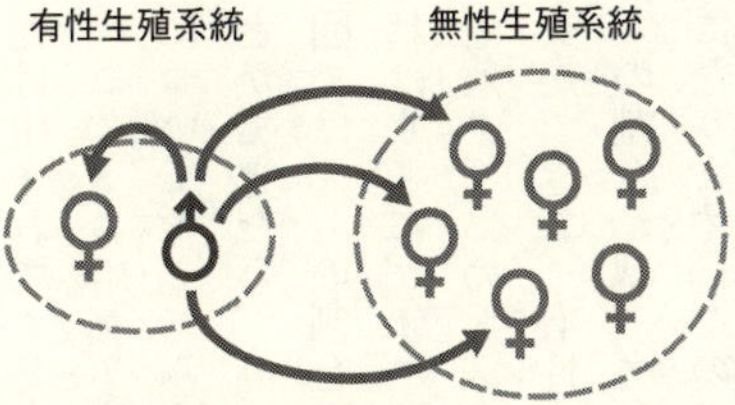

図4－7　**有性生殖が維持されるメカニズム**　無性生殖系統が増えてくると、集団の中でメスの割合が高くなり、オスはより多くのメスと交尾できるチャンスが得られる。その結果、次の世代ではオスを産む戦略（すなわち有性生殖）が増えることになる

だけ生まれてくるという結末に落ち着きます。

このメカニズムをふまえて、無性生殖タイプと有性生殖タイプが共存しているときの性比について考えてみましょう。仮に無性生殖タイプのメスがオスによる交尾をうまくかわすことができたら、高い増殖率をもってメスばかりを産むことができます。そうすると、この集団ではメスの割合が高くなり、有性生殖によって生まれたオスの割合は減っていきます。これはまさに、オスが少数派で圧倒的に有利となる状況を表しています。ひとたびオスが無性生殖タイプのメスの拒絶（バリア）を突破することができたなら、オスはたくさんのメスと交尾できて、有性生殖タイプの遺伝子は一気に集団の中に広まります。そうするとやがてメスの割合が減っていき（オスの割合は増える）、無性生殖が有性生殖に取って代わられることになります。このように、無性生殖による急速なメスの生産は、かえってオスが有利になるというフィードバックを生み出すことになり、無性生殖の成功は帳消しになってしまいます。

二倍のコストをペイしなくていい

結局のところ、オスとの交配を介した有性生殖タイプの流入はなくなりません。つまり、ひとたびオスという存在が現れてしまったなら、その種類は有性生殖というシステムに「ロックイン」された状況にあるといえます。無性生殖のみを採用しているメスだけの世界にはもはや戻れないのです。

このアイデアには、遺伝的多様性に着目していた従来の仮説とは大きく異なる点がありま す。「有益なタイプの創出」「有害なタイプの排除」「赤の女王」にもとづいた仮説はどれも、遺伝的組み換えを伴う有性生殖には二倍のコストを覆すほどのメリットがあるはずだと考えられてきました。しかし、無性生殖の二倍の増殖率はやはり強烈であるため、なかなかすっきりと説明できずに困っていたのでした。ところが、無性生殖タイプと有性生殖タイプの交配を許容したアイデアでは、有性生殖に十分なメリットがなくても構わないのです。コストとベネフィットのバランスでどちらが有利なのかということは関係なく、オスがいる限り、性というシステムが「仕方なく」維持されることを説明しています。

もちろん、有性生殖を行なえば遺伝的組み換えが生じます。仕方なく有性生殖が続いてしまった結果として、遺伝的な多様性が増して、環境の変動に対処できたり、病原菌に対する抵抗性が進化することもあるでしょう。しかし、こうした有性生殖のメリットが二倍のコストをペイできる必要はないのです。つまり、遺伝的組み換えは有性生殖の目的ではなく結果であることを示唆しています。

自然淘汰による進化は、繁殖や生存にかかわるコストを切り詰めることで効率的で洗練された形質をたしかに生み出してきました。しかし、それだけではありません。ハンディキャップ理論でも見たように、明らかにコストのかかる形質さえも合理的に進化しうるのです。有性生殖も、増殖のスピードという点からすれば非効率な繁殖方法だといえます。しかし、オスとメスがそれぞれの遺伝子を次の世代へとより多く伝えるべく最適化した行動をとっている限り、有性生殖の遺伝子は維持されているのです。

この一連のアイデアは、龍谷大学の川津《かわつ》一隆《かずたか》博士が大学院生だった二〇一三年に発表したものです。やはり最大の慧眼は、「無性生殖のメスと有性生殖のオスは交配できない」という、暗黙の了解となっていた前提を取り除いたことでしょう。今のところこのアイデアは国際的な評価を受けていませんが、性の維持を説明するもっとも合理的な仮説として浸透していくはずです。読者のみなさんは、専門家の間でさえもほとんど知られていない仮説にいち早く立ち会ったといえるでしょう。

動かないナナフシ

さて、ここまで抽象的な議論が続いてしまったので、実際の生物の世界ではどのようなことが起きているのか観察してみましょう。

オーストラリアに生息するユウレイヒレアシナナフシは、どちらかというと太めのナナフシで、さらには脚や体にびっしりと棘《とげ》が生えているため、いかめしい風貌をしています（図

4-8)。基本的に、ナナフシの仲間は日中じっとしていて動きません。動いてしまったら、本物の枝ではないことが鳥などの天敵にバレてしまうからです。ナナフシに特徴的なこうした生態は、有性生殖にとってみればネックとなります。というのも、動かなければそもそもオスとメスの出会いが難しくなり、有性生殖に必要な交尾のチャンスが減ってしまうからです。そこでユウレイヒレアシナナフシは、オスと出会わなければ無性生殖をしてメスの子（娘）だけを産み、オスと交尾できればオスの子（息子）も産むというように、状況に応じて柔軟に繁殖の方法を切り替えています。日本に生息するナナフシの種類にもこのような繁殖方法が知られており、ナナフシの「動かない」という生態を反映していると思われます。このようにユウレイヒレアシナナフシは、同じ種類でも無性生殖だけで繁殖する個体もいれば、オスを受け入れて有性生殖を行なう個体もいることから、性の意義を考える上でいい調査対象になっています。

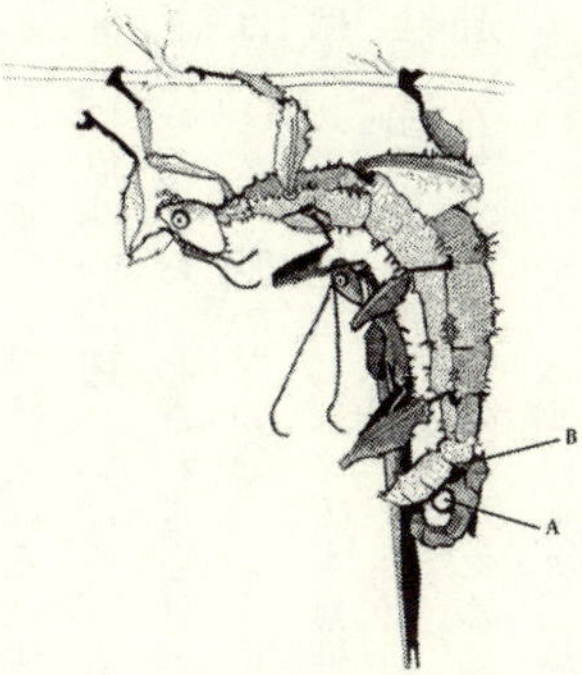

図4-8　**交尾中のユウレイヒレアシナナフシ**　大きなメスの上に小さなオスが乗っかっているところ。Aはオスがメスへと渡す精包、Bはオスの交尾器を示していて、メスの腹部の先端にしがみついている。文献17より転載

もし有性生殖が好ましいものだとしたら、ユウレイヒレアシナナフシのメスは喜んでオ

スからの求愛を受け入れるはずです。この種類のオスには翅があって飛ぶことができますが、メスは痕跡的な翅しかなく、もはや飛ぶことができません。メスは活発に動き回ることができませんから、わざわざ自分のことを見つけ出してくれたオスを歓迎するでしょう。あるいは、メスは動かない分、フェロモンを出してオスをおびき寄せているかもしれません。メスはオスと交尾をしなくても無性生殖によって卵を産むことができますが、なるべくならオスとの出会いを待ってから繁殖を始めるでしょう。このように、遺伝子のシャッフルを通じて遺伝的な多様性を高めるために積極的な行動をとるはずです。

その一方で、本当は無性生殖をしたい（有性生殖をしたくない）なら、反対のパターンが予想されます。動きが鈍いというナナフシの生態をよいことにメスはオスの探索から逃れ、オスから求愛されないうちに無性生殖によって卵を産み始めるはずです。このように、有性生殖がメスにとって好ましいものなのか、あるいは仕方なく受け入れているものなのかによって、期待されるナナフシの行動は変わってきます。

では、実際はどうなのでしょうか。ユウレイヒレアシナナフシを観察したところ、まさにメスが有性生殖を嫌がっていることを支持するパターンが見られました。[17] オスが求愛に来てメスにしがみつこうとすると、メスは腹部を曲げてサソリのような姿勢を取り、さらには脚でキックしてオスを撥《は》ねのけようとします。とはいえオスは交尾するしか自分の遺伝子を残す術がありませんから、なんとか抵抗して交尾しようとします。この種類では、オスの腹部の先端にある交尾器が特殊な形をしており、メスの交尾器に引っかかって離れにくいような構造になっていますが、オスにそのような器官があること自体、オスとメスに生殖の方法をめぐって対立があることを示唆しています。もしメスがすんなりと交尾を受け入れるなら、交尾器でがっちりと把握してメスのキックに耐えるような必要はないのです。さらに、オスから求愛されたメスは、オスの意欲を削ぐために嫌な匂いを発します。これらのパターンはすべて、無性生殖したいというメスの意思を反映していると考えられます。こうしてオスからの求愛を拒絶できたメスは、無性生殖による繁殖を開始します。たとえ遺伝的組み換えにメリットがあったとしても、二倍の増殖率のほうがはるかにお得なのです。

このように、同じ種類の中であっても有性生殖タイプと無性生殖タイプの対立はたしかに存在しています。動きがのろいことは、ユウレイヒレアシナナフシが無性生殖を維持することを後押しする生態であり、いわば有性生殖に対するバリアといえるでしょう。それでもなお、オスが存在していることから、オスとの交尾は完全には避けられず、有性生殖が部分的に維持されていると考えられます。従来、無性生殖はオスに出会えないときの「緊急避難措置」として捉えられていましたが、実のところメスはオスからの求愛（すなわち有性生殖）を消極的に受け入れていたのです。

ナナフシをはじめとしたオスとメスの出会いが少ない生物では、無性生殖が保たれるチャンスは残されています。しかし、活発に動き回る生物では、オスとメスの出会いは頻繁に生じてしまいますから、もはやオスからの度重なる求愛を抑えつけることができません。[18]その結果、すべてのメスが有性生殖による繁殖に甘んじています。このように、有性生殖はそれ自体がメリットをもたらす手段だったのではなく、自然淘汰によって導かれた「進化のトラップ」だったのです。進化生物学の最大の問題とされた性の維持は、「いやいやながら」という自然淘汰の一側面によって説明されることになるでしょう。

3　ハチに似ていないアブ──不完全な擬態

求愛のコミュニケーションに伴う派手な形質も、オスという非効率的な存在も、どちらも性がかかわる問題でした。私たちが魅力を感じる生物の行動の多くは、こうした性に関連しているものでしょう。質素でじっとしている生物よりも、華やかでコミカルな動きに満ちあふれた生物を眺めているほうが楽しいに決まっています。私たちは、自然淘汰が必然的にもたらした生物の無駄を前にして喜んでいたのです。

その一方で、生物が天敵から逃れるための戦略では、派手だとか華やかなどといった悠長なことは言っていられません。オスはメスから求愛を断られたとしても次のチャンスがあるわけですが、天敵に食べられてしまえばそれでおしまいです。ですから、天敵との関係は、無駄を削ぎ落とした、極めて洗練されたものが期待されます。そこには「弱肉強食」「適者生存」の論理がシンプルに適用できるため、不合理さが入り込む余地がないように思えます。

生死を分ける場面においても不合理さが維持されているとしたら、どのような状況でしょうか。その場合、進化の理論との整合性は保たれているのでしょうか。本節では、擬態をトピックとして、食うものと食われるものの関係で意外にも残されている不合理さについて考えていきます。

不完全な擬態

異種に姿や行動を似せることを擬態といいますが、本節で取り上げるのはその一種である「ベイツ型擬態」です。序章に登場したツマグロヒョウモンがいい例で、エサとしておいしく捕食者に狙われやすい種類が、エサとしてまずいことを派手な姿や行動でアピールしている種類に似せている例が自然界にはいくつも存在します。この現象は、南米アマゾンを旅してこの現象を見出したヘンリー・ベイツ（一八二五〜九二）にちなんで「ベイツ型擬態」と呼ばれています。読者の中には、擬態と聞いてバッタやタコなどが背景の環境に溶け込むような色彩をして隠れている様子を思い浮かべる方もいると思いますが、ここではそれを「カモフラージュ」と呼び、本節で扱うベイツ型擬態とは区別します。

天敵から逃れるという利益を追求していくことで異なる種類とそっくりになっていったプロセスは、ダーウィンやベイツが活躍した時代に、まさに自然淘汰のプロセスを象徴的に説明する現象として学界に迎えられました。今日でも、自然の驚異として多くのポピュラー・サイエンスの本やテレビ番組などで紹介されていますし、進化生態学者の研究対象としても魅力を失っていません。

こうした擬態の精巧さについてはこれまでにも多くの本で取り上げられていますので、本書ではあまのじゃくに考えて、「あまり似ていない擬態」について考えることにします。おいしい種類はまずい種類に似ているほど天敵からのリスクを減らせるため、自然淘汰はより精巧な擬態を生み出すように働いているはずです。にもかかわらず、あまり似ていないとは、どういうことなのでしょうか。

たとえばアブの仲間を見てみましょう。多くのアブはハチに模様や飛び方が似ています。アブには毒針のような強力な武器がないので、ハチに似せることで天敵からの攻撃を避けているといえます。しかし、アブは分類としてはハエのグループに属しており、ハチやアリを含むグループとは進化の系統上かけ離れています。たしかによく見てみると、アブの大きな眼やずんぐりとした体つきはまさにハエに似ています（図4‐9／口絵10）。昆虫学者であれば、少なくとも止まっている個体を見ればアブかハチかすぐに見分けられるでしょう。天敵である鳥もすぐれた視覚を持っており、おいしいエサを効率よく見つけられるように進化してきたはずですから、アブとハチをきちんと区別できていてもおかしくありません。アブはハチと似ているものの、その擬態は完璧とはいえないのです。そう言われてみると、ツマグロヒョウモンとその擬態の対象であるスジグロカバマダラも瓜二つというには程遠く、種類の違いがはっきりと見てとれます。

図4－9　**アカウシアブ**　スズメバチの仲間に擬態しているが、アブの特徴を残している。石田岳士氏撮影

擬態の不完全さは、完璧さをもたらすはずの自然淘汰のプロセスにはそぐわないので、進化生態学者に少し居心地の悪さを感じさせます。しかし、違和感の先におもしろい問いが隠されていることは、本書でもすでに紹介してきたつもりです。そこで本節では、不完全な擬態をもたらす要因についていくつかの仮説を検討してみましょう。どの仮説もそれなりの論拠があるため、擬態の研究が思ったよりも一筋縄ではいかないことに気づくはずです。擬態の不完全さを考察する上で重要なポイントは、

不完全さが制約によって維持されているのか、あるいは適応によってもたらされたのかを判断することにあります。

制約に依存した仮説

擬態の世界では、真似する側を「ミミック」、真似される側を「モデル」といいます。先ほどの例では、アブがミミックでハチがモデルになります。

いくら自然淘汰の威力がすさまじいといっても、もともとは地味だったミミックが思い通りにモデルの派手な模様を獲得できるとはなかなか考えられません。突然変異によっていつも都合のよいタイプが創出されるわけではありませんし、特定の模様が生まれるためには発生プロセスの改変が必要になります。こうした制約によって擬態の進化がそう簡単には起こらないことは容易に想像できます。したがって、不完全な擬態は自然淘汰の限界を示している、というのが制約による説明になります。

しかしいま存在しているミミックは、すでにそうした制約をくぐり抜け、モデルに似るようになったのです。そして本節で議論している「不完全な擬態」とは、モデルとミミックがそこそこ似ているところまで進化した段階を指します。そこまでいけば、あと少しの完成度を高めて、モデルにそっくりになることはそれほど難しくないはずです。天敵の目を欺くためにもっと似たほうがよいという圧力がかかるかぎり、長い時間がたてば、より精巧なモノマネへと進化するはずだからです。そのため、単純な制約だけでは自然界に見られる不完全な擬態をすべて説明するには至っていません。

やはり、制約といって片付けてしまうのではなく、不完全さにもそれなりの合理性が含まれているのではないか。すなわち、不完全な擬態が適応の結果としてもたらされているのではないか、という視点が大事になってくるのでしょう。

ひとり相撲仮説——モデルがいなくなったとき

擬態が機能するのは、モデルとミミックが同じ場所に生息している場合です。ところが、場所によってはモデルがまったくいないか、分布していても数がとても少ない場合があります。そのようなとき、ミミックはモデルに似た模様をしていても意味がありません。単に目立って天敵に見つかりやすくなるだけですから、もはや擬態をやめて普通の模様に戻ったほうがよいかもしれません。

ところが、モデルのいない場所にミミックが生息しているというパターンは、それほど珍しくありません。モデルとミミックの分布域がまったく重なっていない例は知られていませんが、両者の分布はいつも完全に一致しているわけではないのです。

ツマグロヒョウモンの例を詳しく見てみましょう。ツマグロヒョウモンはもともと南西諸島に生息していた亜熱帯のチョウで、メスの模様や飛び方は毒のあるスジグロカバマダラという別のチョウによく似ています。ところが一九七〇年代頃、ツマグロヒョウモンの分布は九州本土や近畿地方まで拡大し、そして近年では関東地方でも普通に見られるようになってきました。その一方、モデルであるスジグロカバマダラの分布はいまだに亜熱帯地方に限られています。

さて、スジグロカバマダラのいない近畿地方や関東地方でもツマグロヒョウモンが「擬態をやめようとしている」ことを示唆するデータは得られていません。それはなぜでしょうか。モデルがいない以上、擬態の効果はなさそうなものですが、本州と南西諸島の両方を訪れる渡り鳥もいるため、スジグロカバマダラがいない本州でも、ツマグロヒョウモンの擬態が効いている可能性も指摘されています。また、ツマグロヒョウモンの体内にもまずい成分が含まれていることを示唆する研究もあるので、この場合、スジグロカバマダラのいない地域でもツマグロヒョウモンの派手な模様は天敵に対して有効であると考えられます。

ともあれ、今のところツマグロヒョウモンの擬態は維持されているため、今後どのような進化が生じるのか興味が持たれるところです。このように、モデルとミミックで分布のミスマッチが存在するケースは、擬態の謎を考察するよい材料となっています。

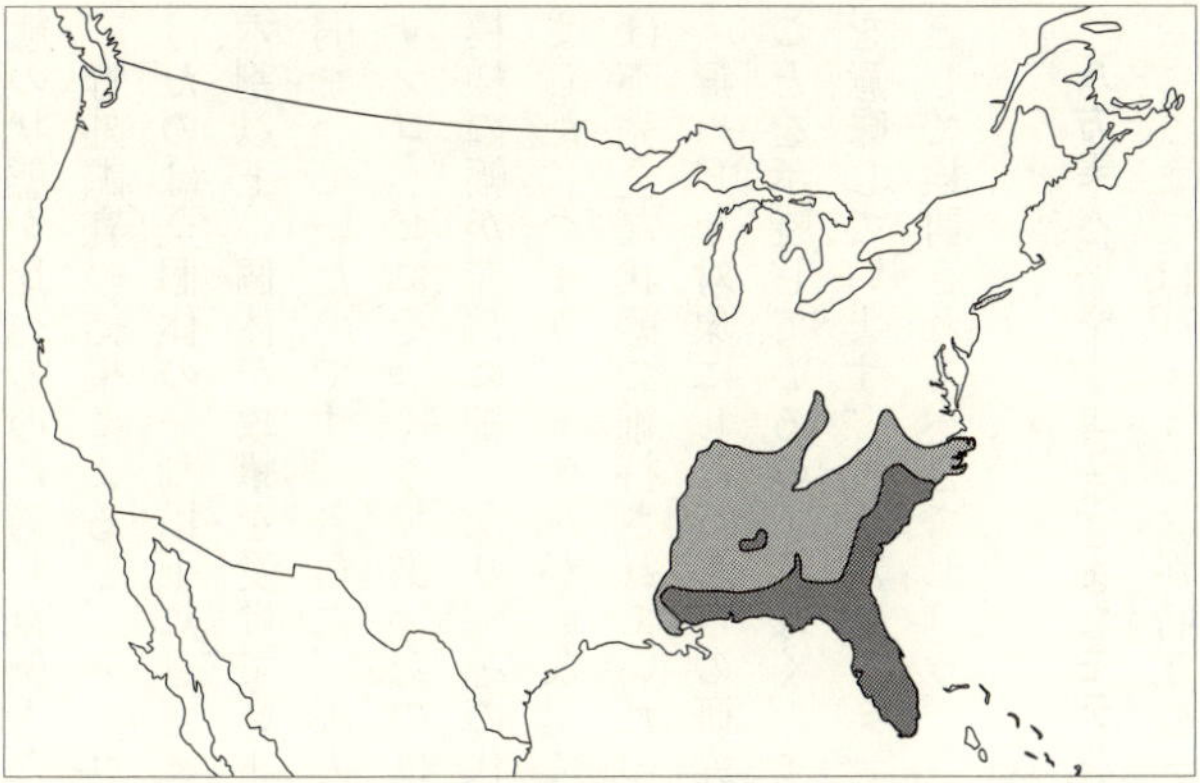

図4－10　**サンゴヘビとミルクヘビの分布**　モデルのサンゴヘビとミミックのミルクヘビの両方が分布している地域（濃い灰色）と、ミルクヘビのみが分布している地域（薄い灰色）。文献20を元に作成

それでは、モデルとミミックにおける分布のミスマッチが不完全な擬態をもたらしている例として、毒ヘビの研究を紹介しましょう。ノースカロライナ大学のデービッド・フェニッヒ博士は、モデルのサンゴヘビとミミックのミルクヘビを対象に擬態の研究を行なっています。どちらのヘビにも赤・黄・黒の縞模様があり、いかにも毒々しい出立ちですが、毒があるのはサンゴヘビだけでミルクヘビは無毒です（口絵14）。サンゴヘビはアメリカ南東部のおよそ北緯三五度より南にしか生息していませんが、無毒なミルクヘビは南はフロリダ州から北はノースカロライナ州あたりまで広く分布しており、サンゴヘビの分布範囲から数百キロメートルも離れた地域にも生息しています（図4-10）。そのため、モデルがいる地域といない地域で擬

態の状態を比べるのに適した例となっています。

野外調査の結果によると、サンゴヘビのいる地域ではミルクヘビが肉食動物から攻撃を受けたのは全個体の一割以下にとどまっていたのに対し、サンゴヘビのいない北方の地域では六割以上の個体が攻撃を受けていました[19]。明らかに、モデルのいない地域では擬態の効力が弱まっていたのです。さらに、両方の種が一緒に生息している地域ではミルクヘビの模様がサンゴヘビにそっくりであったのに対し、サンゴヘビのいない地域ではミルクヘビの黒の縞模様の幅が非常に細くなり、その代わりに赤い縞模様が太くなっていることも明らかになりました[20]。つまり、モデルがいなくて擬態の効果が発揮されないところでは、ミミックの擬態は不完全な状態で維持されていたのです。

毒ヘビを対象にしたこれらの研究は、不完全な擬態が単に「制約のせいで進化できない」ことを示唆しているのではなく、モデルの在不在に合わせて、進化が柔軟に起きていることを意味しています。モデルとミミックの分布が重なっていない場合は、ひとつの有力な仮説として検討されるべきでしょう。

八方美人仮説——さまざまなモデルと天敵

ここまでは、ミミックが特定の一種類のモデルに擬態している例を紹介してきましたが、自然界には毒のある派手な生物が同じ生息域に何種類か共存している場合があります。このような状況のとき、ミミックにしてみればいずれかのモデルに特化して擬態するよりも、いずれのモデルにもそこそこ似ているほうが得な場合もあります。特に、広い範囲に分布しているミミックは、さまざまなモデルに対応した模様が生存上有利に働くかもしれません。この戦略をとったミミックの擬態は、どのモデルにも完璧には似ていない不完全な状態として維持されることになりますが、これはその環境下でミミックの生存率を最大限に高めるものなので、適応にもとづいた不完全さであるといえます。

前述のツマグロヒョウモンの例では、スジグロカバマダラというモデルを紹介しました。この二種が共存している沖縄には、ほかにもカバマダラというチョウがいます。スジグロカバマダラはその名にあるように黒いラインがオレンジ色の翅に加わっていますが、カバマダラにはそのような特徴的な黒いラインはありません。どちらの種類もアルカロイドなどの毒が含まれるガガイモ科の植物を幼虫時代に食べ、成虫になってからもその毒を体内に蓄えています。実のところ、ツマグロヒョウモンはスジグロカバマダラだけでなくカバマダラもモデルにしていると考えられています。ミミックであるツマグロヒョウモンは、オレンジ色をベースとした翅にスジグロカバマダラの要素も取り入れて、黒いラインではなく、黒い斑点をちりばめています（口絵1）。そのため、カバマダラにそっくりとも、スジグロカバマダラにそっくりともいえない、中間的な状態であるといえます。ツマグロヒョウモンの中途半端な模様が二種類のモデルに対応した結果なのかは検証されていませんが、不完全な擬態を考察する上で興味深い事例になっています。

ミミックは複数のモデルだけでなく、複数の天敵にも対応する必要があります。野外には実に多様な捕食者が存在しているため、ある天敵からのリスクを回避できたとしても、別の天敵から襲われてしまうリスクが残っているのです。第三章に登場した、捕まえにくい上においしくもないマツオオアブラムシに特化したクリサキテントウのように、中にはまずくて危険なモデルを選択的に攻撃する悪食なスペシャリストの天敵もいるからです。

さまざまな捕食者への適応が不完全な擬態をもたらしている例を挙げてみましょう。クモの中には姿や行動をアリに似せている仲間がいくつか知られており、その代表的な種類がアリグモです（図4-11／口絵9）。アリは集団になってさまざまな昆虫や小動物に襲いかかる獰猛な相手なので、多くの生物がアリを避けようとします。そのため、アリ（モデル）に姿を似せたアリグモ（ミミック）も天敵から逃れることができます。クモの脚は四対（八本）、アリの脚は三対（六本）ですから、モノマネをする上で体の構造が障壁となりますが、アリグモは一番前にある一対の脚を持ち上げることで、アリの触角のように見せています。

ところで自然界には、アリだけを狙って食べるクモ（図4-12／口絵8）も、クモだけを食べるクモも存在しています。このような複雑な状況の中で、アリに擬態したクモはどのような戦略を取るのが合理的でしょうか。もしアリにそっくりになってしまうと、アリだけを食べるクモから「こいつもアリかもしれない」と勘違いされて攻撃されてしまいます。ところがうまく擬態をしていないと、クモだけを食べるクモから「こいつはクモだから食べてしまおう」と狙われてしまいます。多様な生物が暮らしているこの世界では、単純に特定の天敵に対応するわけにはいかないのです。

ヨーロッパに生息するアリに擬態したクモ数種を対象にして、まさにこのジレンマをめぐる実験が行なわれました。[21]これらの種類の擬態はあくまで不完全で、アリの完全なコピーとはなっていません。いつも何匹かで歩き回っているアリとは異なり、アリに擬態したクモはよく葉の上に単独でエサを待ち伏せしていますが、こうした行動の差も「アリとは少し違う」という違和感の原因になっています。それゆえか、実験の結果、アリだけを食べるクモはアリに擬態したクモのことをエサとは認識せず、攻撃をしかけませんでした。アリだけを食べるクモは不完全な擬態を見抜き、クモであると正しく認識していたのです。では、クモだけを食べるクモはどうだったのでしょう。彼らは逆に、アリに擬態したクモのことを「こいつはアリかもしれない」と思い込み、攻撃をしかけませんでした（図4-13）。不完全ながらも擬態がうまく機能して、天敵をだますことに成功していたのです。

つまり、擬態が不完全だからこそ、アリを狙うクモとクモを狙うクモの双方に対して効果的だったのです。このように、モデルとミミックの関係はそれほど単純ではなく、自然界に生息するさまざまな立場の生物を考慮に入れて考える必要があります。自然淘汰によって、不完全な擬態が最適な状態として維持されることも十分ありえるのです。

図４－11　アリグモ

図４－12　アオオビハエトリ

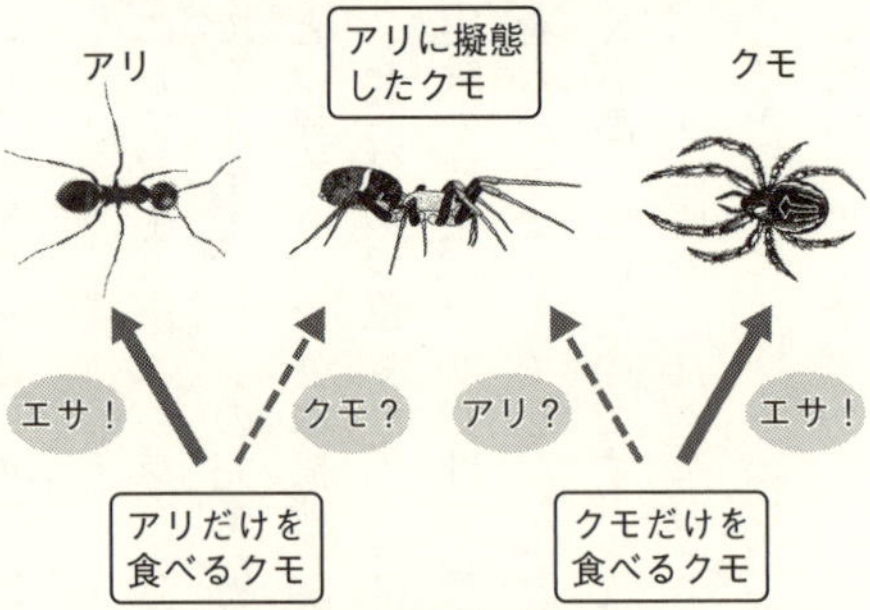

図４－13　**クモにおける不完全な擬態の効果**　クモだけを食べるクモも、アリだけを食べるクモも、アリに擬態したクモは避け（点線）、本来のエサに特化している（太い矢印）。文献21を元に作成

そこそこで十分仮説――似ているものを区別しない

天敵からしてみれば、ミミックがモデルにだいたい似ていれば、もはやミミックをエサの候補から外して別のエサを探すのが得策になるでしょう。よく似ているものを識別するには手間がかかりますし、間違えて毒のあるモデルを選択してしまったときのリスクも伴います。おいしいミミックを選択肢から外してしまうのはもったいない気もするのですが、それ以外の要因とのバランスが大事になってくるのです。この状況では、ミミックの擬態が不完全であってもそれ以上の進化を促す自然淘汰がはたらいていません。これが「天敵がモデルとミミックを厳密には識別しようとしない」ことにもとづく、不完全な擬態に対する仮説です。

いくらアブとハチを見分けることのできるポイントがあるとはいえ、昆虫に詳しくない人であればアブが近づいてきただけでハチだと反射的に捉えてしまい、とっさに逃げたり悲鳴を上げたりすることでしょう。図鑑を見ながら今飛んできているのはアブだのハチだのと考えている暇はないのです。本当にハチであった場合に毒針で刺されるリスクを考えるなら、ほとんどのアブをハチだと認識して逃げてしまったほうがよいのかもしれません。私はある自然観察会において、スズメバチの仲間にそっくりなアカウシアブ（といっても、複眼はアブらしく大きく、スズメバチのような「腰のくびれ」はありません）が多くの参加者を恐怖に陥れたことをよく覚えています。結果として、アブの擬態は今のままでも十分に機能しているので、完璧な擬態への進化は起こらないことになります。

アブの仲間で擬態のうまさを網羅的に比較した研究では、アブの体サイズが小さいほど擬態が不完全になっていく傾向が見出されました[22]。天敵はどちらかというと体の大きなアブを狙います。体が大きい分だけエサとしての栄養分が多く含まれているからです。そのため、体の大きなアブはできるだけハチに姿を似せて天敵からの攻撃を未然に回避する必要があります。一方で、体の小さなアブはそもそも天敵からの攻撃をそれほど受けないので、ハチに似せていく方向に働く圧力がそこまで強く生じません。天敵にしてみれば、エサの候補となりにくい小さい種類はアブであろうがハチであろうがどちらでも構わないため、そもそも識別しようとしないのです。この研究は、天敵からの圧力が弱い種類ほど不完全な擬態が維持されやすいことを示唆しています。

「よく似た二種がいたとき、それをターゲットにする側は厳密に区別しない」というパターンについては、第三章ですでに取り上げました。オスが同種のメスと他種のメスをきちんと見分けることなく、どちらにも求愛してしまうというジレンマです。それと同じように、モデルとミミックがそこそこ似ていれば、捕食者は厳密に区別せずどちらも「まずいエサかもしれない」と認識し、攻撃をしかけるのを避けます。ややこしい対象を正確に区別しようとして時間をかけるくらいなら、地味でおいしいエサを探すほうが得策なのです。

よく似ている種類を厳密に識別しないという戦略は、どのような捕食者であっても採用されうる自然な行動です。したがって、不完全な擬態の根拠としても普遍性があると考えられます。前節で、アレクセイ・コンドラショフの「シンプルな理論によって説明されるべき」という言葉を紹介しましたが、アリに擬態したクモの事例のように、アリだけを狙う捕食者とクモだけを狙う捕食者が共存しているような複雑な状況を仮定しなくてよかったのです（だからといって、複数の捕食者に対応した不完全な擬態が間違いとはいえません。アリに擬態したクモのケースではたしかに重要な要因となっている可能性があります）。

それにしても、求愛のエラーと不完全な擬態というまったく異なる現象を、「似たものをいかに区別するか」というひとつの視点で理解できる点が学問のおもしろいところです。進化生態学では、生物たちが見せる多種多様な行動、戦略、生態を取り扱いますが、それらは私たちの目に（少なくとも現時点では）見えない論理によって相互につながっているかもしれません。だからこそ、研究者はあらゆることにアンテナを張って、ある現象の理解を助けるアイデアが、まったく無関係に見える現象にも応用できないか、常に柔軟な発想で考えられるよう心掛ける必要があるのだと思います。

まとめ

不完全な擬態をめぐる仮説をおさらいしましょう。主な仮説として――遺伝や発生のメカニズムが制約となってミミックがモデルに完璧には近づけない「制約仮説」、モデルとミミックが別々の地域に生息しているため完全な擬態が要求されない「ひとり相撲仮説」、ミミックが複数のモデルや天敵に対応する必要がある「八方美人仮説」、天敵はモデルとミミックがだいたい似ていれば区別しない「そこそこで十分仮説」が挙げられます。実にさまざまなアイデアが登場しましたが、これですべてというわけではなく、不完全な擬態を説明しうる仮説は他にも提唱されています。[23] たとえば、モデルとミミックが似すぎてしまうとお互いに求愛のエラーが生じてしまうため、それを避けるように擬態が不完全なままで保たれているとする「求愛エラー仮説」も検討されています。まさに、これまでに紹介してきた考え方を総動員する応用編であるといえます。正直なところ、どの仮説が正しくて普遍的なのか判断するためには、さらなる実証研究の積み重ねが必要になります。しかし、不完全さにも何らかの意味があるはずだと捉えることで、現代の進化生態学の知見を総動員した仮説が登場してきたのです。初めから不完全さを制約のせいとして片付けていたら、多様なアイデアはそもそも生まれてこなかったことでしょう。

これまで一般的にはモデルとミミックがいかにそっくりかということに焦点が当てられて

きましたが、冷静になって生き物を眺めることで、擬態の巧妙さに感嘆するのと同時に、その不完全さについても認めてほしいと思います。自然淘汰による厳しいチェックにさらされながらも不完全な擬態を維持しているという、一見すると不合理な現象を見つけることが謎解きの出発点であり、そうした発見から進化に対する見方がさらに洗練されていくことにつながるからです。

終章　不合理だから、おもしろい

適応と制約をめぐる進化の旅も、いよいよ最終章にさしかかりました。本書では、適応はすばらしいと手放しに賞賛するのではなく、一見すると最適化されていないような形質をあえて取り上げ、実はこれが適応した結果なのだと解明することに取り組んできました。本章では、こうしたアプローチが進化の研究を推進させる大切な姿勢というにとどまらず、何よりも追究していくこと自体がおもしろいという点を改めて主張していきます。

まずはこれまでの流れをおさらいしましょう。生物の形や行動はその置かれた環境でうまく生きながらえるよう世代をまたいでいく過程で最適化されていくはずですが、都合のよい形質がいつでも現れるという保証は遺伝のメカニズムの中に備わっていません。また、セカンドベストな遺伝子が隣の集団から移入してきたり、海洋に浮かぶ隔離した島などでは偶然の効果が適応を妨げることも十分にあり得ます。そのため、生物の形質は常に適応と制約のせめぎ合いによって、完璧とはいえない状態にとどまっていると考えることができます。特に、機能的にあまりうまくいっていないように見える形質については、最適化されていない疑いが強く、制約の重要性の根拠とされてきました。

ところがよくよく調べてみると、これまで制約だと片付けられていた現象の中には、実は制約がそれほど効いていないようなものも含まれていました。そこで、「適応をあきらめない」という姿勢を貫くことで、より合理的な仮説を立てることができました。自然界には不合理に見える現象があふれていますが、実はなんだかんだうまくできている――これが、本書全体を通じて伝えてきたメッセージでした。そこで重要になってくるのは、オスのクジャクがもつ豪奢な羽や、性という非効率なシステムのように、自然淘汰は必ずしも効率的で無駄のない形質を生み出すわけではない、という視点なのです。

私たちの中にある不合理さ

ある面では非効率であるからこそうまく事が運んでいる例は人間社会にも見ることができます。マラリアが流行している地域での鎌状赤血球貧血症の流行や、婚約指輪のような浪費をもたらすハンディキャップ理論を紹介したときにも触れましたが、うまくいっていないような形質や振る舞いは私たち人間の中にも潜んでいます。

たとえば、妊娠初期に妊婦さんが特定の匂いに対して過敏に反応してしまう、いわゆる「つわり」について考えてみましょう。つわりに苦しんだ経験のある読者であれば、今までおいしく食べていたごはんがどうして気持ちわるく感じられてしまうのか、つわりなんてないに越したことはないのに、と嘆いたことがあるはずです。現に、つわりには個人差があって、強い吐き気をもよおす人から、ほとんど不快感を経験しない人までいるのです。

しかしつわりにはそれなりの効用、すなわち進化的な合理性があると指摘されています。[1] 妊婦さんにはデメリットしか与えないように見えるこの生理現象は、実は胎児を守るために機能しているというわけです。つわりのときに反応しやすい匂いの中には、胎児によくない影響を与える物質が含まれている可能性があり、特に外的な刺激が胎児の成長に影響を与えやすい時期にだけこうした反応が出やすいとされています。つわりが起きれば妊婦さんはそうした匂いをもたらす物質を遠ざけようとし、結果として流産などのリスクを抑える効果があると考えられています。このとき、つわりの真の目的を知っている必要はありません。つわりという生得的な反応が備わってさえいれば、その目的は達成されるのです。

妊娠とつわりを経験することのない男性の私からすると、人間の体はやはりうまくできているなあと感心するばかりですが、いま見たような合理性に基づく解釈は、進化の視点なしでは到達できないものであるといえます。からだに起こるさまざまな症状を自然淘汰にもとづいて理解する「進化医学」あるいは「ダーウィン医学」と呼ばれる新たな枠組みでは、従来の医学にはなかった治療法や対処法が実際に生まれています。

進化がもたらす過剰な防御

進化の上で避けられないジレンマをもうひとつ紹介しましょう。「天敵に対してどれくらい防御すればよいか」について考えてみます。[2]もちろん、天敵に攻撃されてしまったらデメリットが大きいので、生物は天敵に食べられないためにさまざまな防御の機能を進化させているはずです。ただし、防御はタダではなく、たとえばカタツムリであれば厚くて強固な殻を作るためにはそれだけの栄養が必要になります。このように、あまりに防御のために投資しすぎてしまうと、繁殖をはじめとした他の機能への投資を犠牲にしなければなりませんから、結局は「天敵からの攻撃をちょうど避けられるくらい」の防御形質が最適になります。

ところが、天敵に食べられてしまっては終わりなので、最適値から少しでも低い防御形質を持った個体は生き延びて子孫を残すことができません（図5-1上）。それに対して過剰に防御している場合は、たしかに何らかのコストが伴うわけですが、食べられて死んでしまうわけではありません。その結果、低い防御形質は淘汰され、防御形質の平均値が高くなるようにシフトしていきます。つまり、「ちょうどよいくらい」を超えた、過剰に防御した個体がどうしても集団の中に広まっていくことになります（図5-1下）。

以上の理屈は「自己免疫疾患」を説明できる可能性があり、注目されています。免疫とは体内に侵入してきた異物を排除するためのメカニズムですが、自己免疫疾患と総称される現象では、自分自身の正常な細胞や組織に対してまで過敏に防御反応を示してしまいます。関節リウマチ、バセドー病、（生活習慣とは無関係な）1型糖尿病など、自己免疫疾患に含まれるさまざまな病気には深刻なものも少なくありません。

自己免疫疾患は自己の細胞を異物と認識してしまうことによって引き起こされる過剰反応ですが、異物を除去すべきという免疫本来の機能を優先しなくてはならない状況では、どうしても免疫レベルを全体的に押し上げる必要があります。その結果として、たとえデメリッ

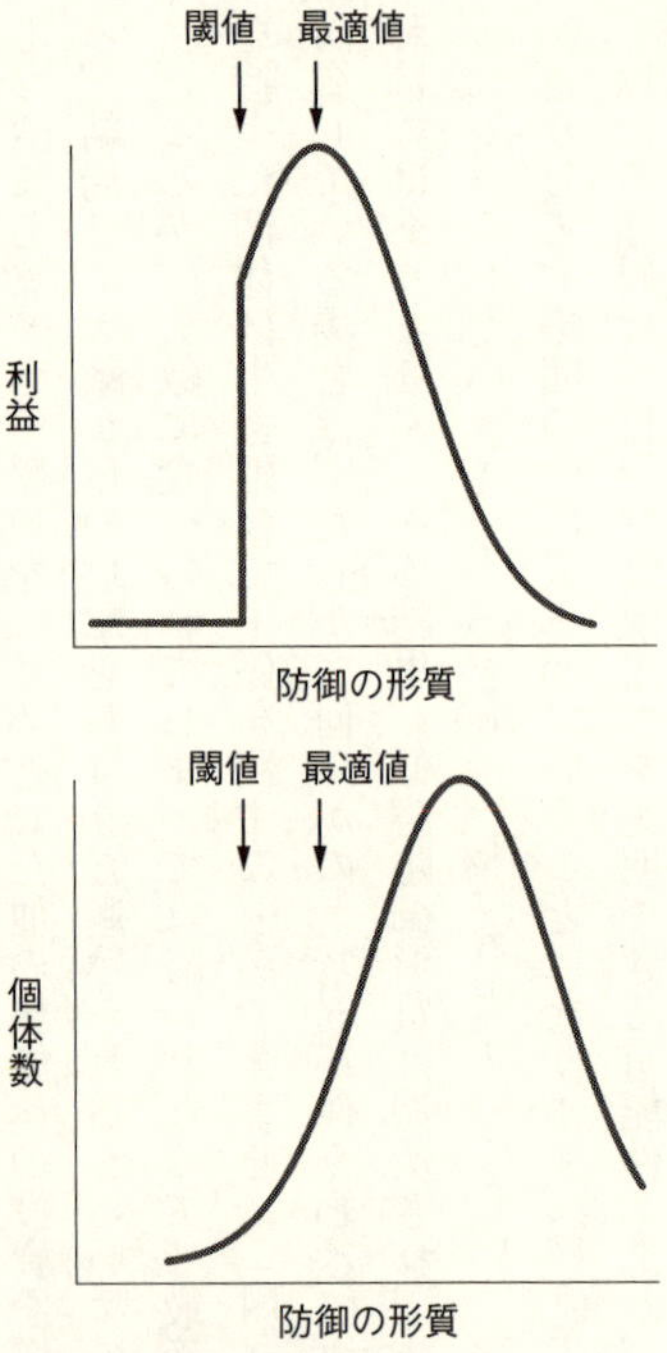

図5－1　過剰な防御が進化するメカニズム
防御の形質が閾値よりも下回ると、天敵に食べられてしまうため、その形質がもたらす利益は急激に下がる（上）。このような状況では、閾値を下回る形質を持つ個体は少なくなるが、最適値を超えて過剰な防御をする個体が多く現れることになる（下）

トが伴うとしても、過剰な免疫反応はなくなりません。この事例も、つわりと同様に、進化の視点から正しく理解できる現象だといえるでしょう。

ここで紹介した論理を一般的に言うと、（図5－1上のように）ある形質とそれがもたらす利益の関係が左右非対称な場合、最適値から外れた形質が進化しやすい、ということになります。たとえば、赤ちゃんが生まれるときの体重があまりに低いと、さまざまなリスクが伴います。それに対して、出生時の体重が大きいときは、出産がそれだけ大変かもしれませんが、赤ちゃんの生存率は高いままです。その結果、私たちの進化の歴史において、出生時の平均体重が大きくなる方向へシフトしていったと考えられます。つまり、平均的な赤ちゃんの大きさは、出産にとってちょうどよいくらいのサイズを超えている可能性があります。これが、二章でも検討した「産みの苦しみ」の一因になっているかもしれません。

ブラックボックスを開ける

さて、本書はあくまで適応に肩入れするスタンスで進めてきましたが、それは制約を重視した立場に学問としての進展がないことを主張したいわけではありません。

制約の実体とは、つまるところ遺伝や発生のメカニズムといった、私たちの目で直接観察しにくいミクロな世界にあります。こうした分子レベルの詳細については今まで解明する技術がなく、手がつけられない「ブラックボックス」として存在していました。ところが近年のテクノロジーによって、分子レベルの解析が急速に進み、これまでブラックボックスとされてきた制約の実体についてより多くのことが分かってきました。

図5－2　海岸沿いに生育するハマハタザオ

　ここでは制約の分子メカニズムを検討するために、「収斂《しゅうれん》進化」の例を取り上げましょう。収斂進化とは、別々のグループに属する生物の集団であっても、似た環境に晒されていると似たような形質が進化することを指します。たとえば、海岸沿いに生育するハマヒルガオやハマエンドウ、ハマハタザオ（図5－2）といった植物は、どれも強風に耐えるように背丈は低くなり、塩分の吸収や水分の蒸発を抑えるために葉が厚くなっています。同じような環境にいる生物には、対処すべき共通の課題（タスク）があり、その環境でうまく生きていけるように特定の機能を進化させるからです。

　問題は、共通の形質が生じる収斂進化では、形質の基盤となる遺伝子や発生メカニズムも共通しているか否か、ということです。そこで、遺伝や発生のメカニズムが異なるパターンと、それらが同じパターンの両方を紹介してみましょう。

まずは前者のパターンです。同じような形質が進化するといっても、遺伝子のまったく同じ場所に同じ突然変異が起きるとは考えにくいものですし、同じ機能が担保されているなら発生のメカニズムが異なっていてもいいはずです。私たちが何かプロジェクトを実行する場合も、まずは大まかな目標を設定した後にどのようなプロセスで実現に向かうかは、試行錯誤をくり返しつつ、さまざまな道を検討しますが、それと同じことです。ここでは、コーヒーがカフェインを獲得したプロセスを分子レベルで解析した例を取り上げてみます。

図5－3　コーヒーの実

カフェインはコーヒーの木（図5－3）の他にも、お茶の原料となるツバキの仲間やチョコレートの原料となるカカオ、そしてオレンジやガラナといった植物にも含まれる化学物質です。ヒトの眠気を覚ます効果がありますが、本来は葉を食べる昆虫から身を守るために植物が生産しているものです。植物内に含まれるキサントシンもしくはキサンチンという成分からカフェインが生合成されるためには、一二通りのルートが考えられますが、植物の種類によって別々のルートが採用されていたり、化学反応の触媒に異なる種類の酵素が使われていることが分かりました。[3] このことは、カフェインという最終産物が大事なのであって、そこに至るまでの分子レベルのプロセスには制約がはたらいていないことを示唆しています。

では、後者のパターン、つまり、形質が進化するまでの遺伝や発生のメカニズムが、異なる集団や種類の間で一致しているケースを考えてみましょう。与えられた環境で共通のタスクをこなすために、遺伝子の同じ部位に突然変異が起き、発生のメカニズムにも同じような改変が起こり、結果として別々の集団で同じ形質が再現される——これは、分子レベルのメカニズムから形質の機能まですべてが一致した、完全なる収斂進化といえるでしょう。この場合、カフェインの生合成とは対照的に、いくつか可能性のある進化のシナリオのうち、特定のものが実現されやすいことを意味しています。逆に言うと、それとは異なる選択肢は採用されにくい、つまりは制約の存在を示唆しています。

春に小さな白い花を咲かせるシロイヌナズナでは、通常、冬の寒さを一定期間経験すると、春に開花するための準備を始めます（図5-4）。これは「春化《しゅんか》」と呼ばれるプロセスで、開花のタイミングにはたくさんの遺伝子が関与しています。ところが、低温を経験しなくてもすぐに花を咲かせる集団も知られており、このうちFRIGIDAと呼ばれる遺伝子の機能が停止した集団がヨーロッパ各所やアメリカでくり返し発見されました。[4] 春化を抑制させるためには別の選択肢もあったはずですが、シロイヌナズナでは同じ遺伝子の進化が複数の集団で何度も起きたことになります。このパターンは、進化の道筋にはバイアスがあって、特定の分子メカニズムが限定的に採用されやすいことを示唆しています。

以上のように、収斂進化をもたらす遺伝や発生のメカニズムは、カフェインのように複数の種類や集団の間で分化しているパターンもあれば、シロイヌナズナの春化のように共通している基盤が用いられているパターンもあります。今のところ、どちらのパターンが起こりやすいのか、その普遍性は分かっていません。また、後者のパターンでは、特定の分子メカニズムが優遇されて、他のルートを介した進化が制限される理由も明らかではありません。今後、形質を生み出す源泉である遺伝子や発生メカニズムの研究が進展し、進化における制約の役割がさらに解明されることになれば、適応の起こりやすさ、すなわち「進化はどれほどすごいのか」という問題について、私たちの知識はさらに深まることになるでしょう。

図5－4　実験室で栽培中のシロイヌナズナ

進化はもっとすごい

本書で取り上げた理論のいくつかは決してスタンダードなものではなく、他の書籍ではほとんど紹介されていないアイデアをあえて解説しました。たとえば、「昆虫と植物の共進化」は昆虫学の教科書には必ず載っている定番の概念ですが、本書で紹介したような、昆虫が成長にとって不適な植物を食べたり（六八ページ）、共生のパートナーを乗り換えたり（七三ページ）といった、現実に観察されるけれども理論の予測から外れるさまざまなパターンは、教科書ではなかなか取り上げられることがありません。また、求愛のエラーについては、そのうち「生殖隔離の強化」が起こってエラーは解消するだろうと多くの進化生物学者が片付けてしまうところを、本書ではどうしても求愛のエラーが維持されてしまう要因について説明しました（一一四ページ）。さらに、生態学の常識になっている「エサをめぐる競争」の役割について疑問を投げかけ、エサ選びに見られる不合理を、求愛のエラーと組み合わせることで解消するストーリーを紹介しました（一二六ページ）。

メインストリームから脱線したこれらの解説は、既存の理論には馴染みにくい「不合理さ」を追い求めてきたスタイルに拠るものです。そして、不合理な現象を取り上げたうえで、適応を信じてみるという本書のスタンスは、数ある進化観のひとつに過ぎませんし、研究者の間で主流になっている考え方とも言えません。しかし、だからといって、本書で行なってきた検証が論理的な妥当性に乏しいというわけではなく、一見不合理に見える生き物たちの振る舞いにもそれなりの合理的な背景が備わっていることを理解してもらえたのではないでしょうか。ありふれた教科書的な説明から脱却した、これまでの常識にちょっと揺さぶりをかけるような進化生態学の最前線の議論を提示しました。

本書は自然界の生物にまつわるおもしろいエピソードを単に紹介するだけではなく、くり返しになりますが、「進化をどのように捉えるのか」という科学的な思想について検討してきました。私は、適応を重視する立場から制約を重視する立場までのどこが居心地よいのか、読者が自分なりに考えてみてほしいと願っています。そのスタンスをベースにして、今後「進化の途上かな」と思われる生き物の行動や現象を目にしたとき、制約が効いているのか、それとも実は適応の結果そうなっているのか、立ち止まって想像してみるのは知的刺激に満ちているはずです。そうした営みを通じて、単に自然淘汰や遺伝のメカニズムを知識として持っているだけでなく、進化に対してより深い洞察に到達できるはずです。

精密機械のような体の構造や、厳しい生存競争を生き残るための巧みな戦略を目にしたとき、誰もが「進化はすごい」と認めることでしょう。その一方で私たち人類は、自然の恵みを利用していく中で、自然に干渉し、自然界にいる自分以外の生物を記載してきました。そこには、私たちこそがもっとも「進化した」存在であり、他の生物はまだそこまで到達していないという、人間中心主義的な傲慢さが見え隠れするときもあります。しかし動植物が見せる不合理さを前にしたとき、首を傾げて考え抜き、ついに適応の観点から隠された合理性を理解することができたら、私たちの想像を超えた自然界の摂理に、改めて「進化はもっとすごい」と感動できるのではないでしょうか。

あとがき

「昆虫の生態や進化について研究しています」と自己紹介すると、「新種を見つけたりするんですか」とか「どう役に立つんですか」といったお決まりの質問をされます。しかし、新種を記載するのは分類学という分野の研究ですし、私を含めた多くの進化生物学者は必ずしも社会への応用を第一の目的として研究を進めているわけではありません。私を突き動かしているのは、進化の研究のおもしろさに他なりません。そこで本書では、生物の進化そのものだけではなく、「進化はどれほどすごいのか」という問題に取り組んでいる研究者が、どのようなモチベーションに突き動かされ、どのようなアプローチを駆使してきたのか、その姿も伝えることができればと思いました。

本書で紹介した研究事例は昆虫に偏ってしまい、同じように魅力的な他の動物や植物、菌類や微生物の生態について十分に扱うことができませんでした。これは私の専門性と興味の偏りを反映しているだけで、進化理論の汎用性の低さを示しているわけではありません。「一見すると不合理だけれど実は合理的な現象」の適用範囲がどれほど広いか、今後も国内外の研究を注視しながら、あっと驚くような進化のストーリーに出会いたいと思っています。自然淘汰とは、世代をこえて形質が置き換わっていくプロセスです。そのため、本書でも個々の生物に備わっている形質や戦略に着目して話を進めてきました。一方で、もっとマクロなスケールに目を転じてみると、自然界には不合理な「生態系」も存在します。生態系は自律的に調整されていて、食うものと食われるもののバランスがちょうどよい具合に維持されているように見えますが、生物が限りある資源を浪費してしまったり、生態系にとって有用な種類を排除してしまうこともあるでしょう。その結果、ときには特定の種類の増加に歯止めがかからず、生態系の機能が低下してしまうこともあります。

これらマクロなスケールの現象は、稀少種の保全や資源管理、気候変動といった、人間社会の問題にも深く関わってきます。私は、不合理な生態系がどのようなメカニズムで生じるのか、それを防ぐ手立てはないのか、という問題にこれからのテーマとして挑戦していきたいと考えています。

恩師である藤崎憲治名誉教授（京都大学）、西田隆義教授（滋賀県立大学）、大崎直太教授（山形大学）、大澤直哉准教授（京都大学）、千葉聡教授（東北大学）と出会えたことは、研究者としてかけがえのない財産になりました。刺激に満ちた研究室を渡り歩いてきた中で、同僚や共同研究者のみなさんからは本書を完成させる上でのアドバイスをたくさんいただきました。川津一隆博士、京極大助博士（ともに龍谷大学）には草稿の一部についてコメントをいただきました。私の研究者としての自己はこれらのお世話になった方々から多大な影響を受けておりますが、当然のこととして、学問的な立場は私と完全に一致しているわけではありません。「この辺はちょっと違うんじゃないの」という反論が今にも聞こえてきそうです。そのため、本書で主張したことはすべて私の責任であることをご承知ください。

妻はいろいろな面でサポートをしてくれただけでなく、草稿に目を通して、非専門家の視点からコメントをくれました。もう二歳になった娘は、いつも笑顔で執筆のモチベーションを与えてくれました。大きくなったらいつかこの本を手に取って、感想を聞かせてくれたらと思います。

中公新書編集部の藤吉亮平氏は辛抱強く文章を校正してくれました。藤吉さんが合理的な不合理のおもしろさを見出すことがなければ、本書が世に出ることはありませんでした。厚く感謝申し上げます。

二〇一七年四月

鈴木紀之

Evolutionary Biology, **12**, 1031.
16 Kawatsu K（2013）Sexual conflict over the maintenance of sex: effects of sexually antagonistic coevolution for reproductive isolation of parthenogenesis. *PLOS ONE*, **8**, e58141.
17 Burke NW, Crean AJ & Bonduriansky R（2015）The role of sexual conflict in the evolution of facultative parthenogenesis: a study on the spiny leaf stick insect. *Animal Behaviour*, **101**, 117-127.
18 Gerber N & Kokko H（2016）Sexual conflict and the evolution of asexuality at low population densities. *Proceedings of the Royal Society B: Biological Sciences*, **283**, 20161280.
19 Pfennig DW, Harcombe WR & Pfennig KS（2001）Frequency-dependent Batesian mimicry. *Nature*, **410**, 323.
20 Harper Jr GR & Pfennig DW（2008）Selection overrides gene flow to break down maladaptive mimicry. *Nature*, **451**, 1103-1106.
21 Pekár S, Jarab M, Fromhage L & Herberstein ME（2011）Is the evolution of inaccurate mimicry a result of selection by a suite of predators? A case study using myrmecomorphic spiders. *The American Naturalist*, **178**, 124-134.
22 Penney HD, Hassall C, Skevington JH, Abbott KR & Sherratt TN（2012）A comparative analysis of the evolution of imperfect mimicry. *Nature*, **483**, 461-464.
23 Kikuchi DW & Pfennig DW（2013）Imperfect mimicry and the limits of natural selection. *The Quarterly Review of Biology*, **88**, 297-315.

●終　章
1 栃内新『進化から見た病気―「ダーウィン医学」のすすめ』講談社、2009年。
2 Urban MC, Bürger R & Bolnick DI（2013）Asymmetric selection and the evolution of extraordinary defences. *Nature Communications*, **4**, 2085.
3 Huang R, O'Donnell AJ, Barboline JJ & Barkman TJ（2016）Convergent evolution of caffeine in plants by co-option of exapted ancestral enzymes. *PNAS*, **113**, 10613-10618.
4 Shindo C, Aranzana MJ, Lister C, Baxter C, Nicholls C, Nordborg M & Dean C（2005）Role of FRIGIDA and FLOWERING LOCUS C in determining variation in flowering time of Arabidopsis. *Plant Physiology*, **138**, 1163-1173.

a sympatric population of two sibling ladybird species, *Harmonia yedoensis* and *Harmonia axyridis* (Coleoptera: Coccinellidae). *European Journal of Entomology*, **111**, 307-311.

●第四章

1 ロバート・マッカーサー『地理生態学：種の分布にみられるパターン』蒼樹書房、1982年。

2 ニコラス・デイビス、ジョン・クレブス、スチュアート・ウェスト『行動生態学』原著第4版、共立出版、2015年。

3 Charlat S, Reuter M, Dyson EA, Hornett EA, Duplouy A, Davies N, Roderick GK, Wedell N & Hurst GDD (2007) Male-killing bacteria trigger a cycle of increasing male fatigue and female promiscuity. *Current Biology*, **17**, 273-277.

4 アモツ・ザハヴィ、アヴィシャグ・ザハヴィ『生物進化とハンディキャップ原理：性選択と利他行動の謎を解く』白揚社、2001年。

5 Girard MB, Elias DO & Kasumovic MM (2015) Female preference for multi-modal courtship: multiple signals are important for male mating success in peacock spiders. *Proceedings of the Royal Society B: Biological Sciences*, **282**, 20152222.

6 Dakin R & Montgomerie R (2011) Peahens prefer peacocks displaying more eyespots, but rarely. *Animal Behaviour*, **82**, 21-28.

7 Takahashi M & Hasegawa T (2008) Seasonal and diurnal use of eight different call types by Indian peafowl (*Pavo cristatus*). *Journal of Ethology*, **26**, 375-381.

8 Sherratt TN & Wilkinson DM (2009) *Big Questions in Ecology and Evolution*. Oxford University Press.

9 Otto SP (2009) The evolutionary enigma of sex. *The American Naturalist*, **174**, s1-s14.

10 Muller HJ (1964) The relation of recombination to mutational advance. *Mutation Research*, **1**, 2-9.

11 Hamilton WD (1967) Extraordinary sex ratios. *Science*, **156**, 477-488.

12 Hamilton WD (1980) Sex versus non-sex versus parasite. *Oikos*, **35**, 282-290.

13 Otto SP & Nuismer SL (2004) Species interactions and the evolution of sex. *Science*, **304**, 1018-1020.

14 West SA, Lively CM & Read AF (1999) A pluralist approach to sex and recombination. *Journal of Evolutionary Biology*, **12**, 1003-1012.

15 Kondrashov AS (1999) Being too nice may be not too wise. *Journal of*

11 Wasserthal LT（1997）The pollinators of the Malagasy star orchids *Angraecum sesquipedale, A. sororium* and *A. compactum* and the evolution of extremely long spurs by pollinator shift. *Botanica Acta* **110**, 343-359.
12 Hutchinson GE（1961）The paradox of the plankton. *The American Naturalist*, **95**, 137-145.
13 Hoskin CJ, Higgie M, McDonald KR & Moritz C（2005）Reinforcement drives rapid allopatric speciation. *Nature*, **437**, 1353-1356.
14 本間淳、岸茂樹、鈴木紀之、京極大助「特集にあたって：繁殖干渉の歴史的な位置づけと行動生態学的な背景」『日本生態学会誌』**62** 号217〜224頁、2012年。
15 Widdig A, Bercovitch FB, Streich WJ, Sauermann U, Nürnberg P & Krawczak M（2004）A longitudinal analysis of reproductive skew in male rhesus macaques. *Proceedings of the Royal Society B: Biological Sciences*, **271**, 819-826.
16 Takakura KI, Nishida T & Iwao K（2015）Conflicting intersexual mate choices maintain interspecific sexual interactions. *Population Ecology*, **57**, 261-271.
17 Ribeiro JMC & Spielman A（1986）The satyr effect: a model predicting parapatry and species extinction. *The American Naturalist*, **128**, 513-528.
18 Green RE, Krause J, Briggs AW *et al.*（2010）A draft sequence of the Neandertal genome. *Science*, **328**, 710-722.
19 Noriyuki S, Osawa N & Nishida T（2012）Asymmetric reproductive interference between specialist and generalist predatory ladybirds. *Journal of Animal Ecology*, **81**, 1077-1085.
20 鈴木紀之、大澤直哉、西田隆義「繁殖干渉による寄主特殊化の進化」『日本生態学会誌』**62**号267〜274頁、2012年。
21 Engelstädter J & Hurst GDD（2009）The ecology and evolution of microbes that manipulate host reproduction. *Annual Review of Ecology, Evolution, and Systematics*, **40**, 127-149.
22 Majerus TMO, Majerus MEN, Knowles B, Wheeler J, Bertrand D, Kuznetzov VN, Ueno H & Hurst GDD（1998）Extreme variation in the prevalence of inherited male-killing microorganisms between three populations of *Harmonia axyridis*（Coleoptera: Coccinellidae）. *Heredity*, **81**, 683-691.
23 Noriyuki S, Kameda Y & Osawa N（2014）Prevalence of male-killer in

Royal Society B: Biological Sciences, **280**, 20132280.

20 Hembry DH, Kawakita A, Gurr NE, Schmaedick MA, Baldwin BG & Gillespie RG（2013）Non-congruent colonizations and diversification in a coevolving pollination mutualism on oceanic islands. *Proceedings of the Royal Society B: Biological Sciences*, **280**, 20130361.

21 Matsuo T, Sugaya S, Yasukawa J, Aigaki T & Fuyama Y（2007）Odorant-binding proteins OBP57d and OBP57e affect taste perception and host-plant preference in *Drosophila sechellia*. *PLoS Biology*, **5**, e118.

●第三章

1 Dobzhansky T（1933）Geographical variation in lady-beetles. *The American Naturalist*, **67**, 97-126.

2 駒井卓、千野光茂、星野安咨「ナミテントウの集団遺伝学」『集団遺伝学』（駒井卓、酒井寛一編）45〜60頁、培風館、1956年。

3 Komai T & Hosino Y（1951）Contributions to the evolutionary genetics of the lady-beetle, *Harmonia*. *II*. Microgeographic variations. *Genetics*, **36**, 382-390.

4 佐々治寛之『テントウムシの自然史』東京大学出版会、1998年。

5 栗崎真澄「属 *Ptychanatis* Crotch の研究」『昆虫世界』**24** 巻 **11** 号369〜372頁、1920年。

6 Noriyuki S, Osawa N & Nishida T（2011）Prey capture performance in hatchlings of two sibling *Harmonia* ladybird species in relation to maternal investment through sibling cannibalism. *Ecological Entomology*, **36**, 282-289.

7 Osawa N & Ohashi K（2008）Sympatric coexistence of sibling species *Harmonia yedoensis* and *H. axyridis*（Coleoptera: Coccinellidae）and the roles of maternal investment through egg and sibling cannibalism. *European Journal of Entomology*, **105**, 445-454.

8 Noriyuki S & Osawa N（2016）Reproductive interference and niche partitioning in aphidophagous insects. *Psyche*, Article ID 4751280.

9 Noriyuki S & Osawa N（2012）Intrinsic prey suitability in specialist and generalist *Harmonia* ladybirds: a test of the trade-off hypothesis for food specialization. *Entomologia Experimentalis et Applicata*, **144**, 279-285.

10 Arditti J, Elliott J, Kitching IJ & Wasserthal LT（2012）'Good Heavens what insect can suck it — Charles Darwin, *Angraecum sesquipedale* and *Xanthopan morganii praedicta*. *Botanical Journal of the Linnean Society*, **169**, 403-432.

5 Fischer B & Mitteroecker P（2015）Covariation between human pelvis shape, stature, and head size alleviates the obstetric dilemma. *PNAS*, **112**, 5655-5660.

6 エリオット・ソーバー『進化論の射程―生物学の哲学入門』春秋社、2009年。

7 Connell JH（1980）Diversity and the coevolution of competitors, or the ghost of competition past. *Oikos*, **35**, 131-138.

8 Perry JC & Roitberg BD（2006）Trophic egg laying: hypotheses and tests. *Oikos*, **112**, 706-714.

9 鈴木紀之、大澤直哉「テントウムシにおける栄養卵のメカニズムと機能」『昆虫と自然』**51**巻**2**号4～8頁、2016年。

10 Noriyuki S, Kawatsu K & Osawa N（2012）Factors promoting maternal trophic egg provisioning in non-eusocial animals. *Population Ecology*, **54**, 455-465.

11 Perry JC & Roitberg BD（2005）Ladybird mothers mitigate offspring starvation risk by laying trophic eggs. *Behavioral Ecology and Sociobiology*, **58**, 578-586.

12 Crespi BJ（1992）Cannibalism and trophic eggs in subsocial and eusocial insects. In: Elgar MA, Crespi BJ（eds）*Cannibalism: ecology and evolution among diverse taxa*. Oxford University Press, Oxford, pp 176-213.

13 Ehrlich PR & Raven PH（1964）Butterflies and plants: a study in coevolution. *Evolution*, **18**, 586-608.

14 Hereford J（2009）A quantitative survey of local adaptation and fitness trade-offs. *The American Naturalist*, **173**, 579-588.

15 石井象二郎『昆虫学への招待』岩波書店、1970年。

16 Thompson JN（1988）Evolutionary ecology of the relationship between oviposition preference and performance of offspring in phytophagous insects. *Entomologia Experimentalis et Applicata*, **47**, 3-14.

17 Mayhew PJ（1997）Adaptive patterns of host-plant selection by phytophagous insects. *Oikos*, **79**, 417-428

18 Ohshima I & Yoshizawa K（2006）Multiple host shifts between distantly related plants, Juglandaceae and Ericaceae, in the leaf-mining moth *Acrocercops leucophaea* complex（Lepidoptera: Gracillariidae）. *Molecular Phylogenetics and Evolution*, **38**, 231-240.

19 Okamoto T, Kawakita A, Goto R, Svensson GP & Kato M（2013）Active pollination favours sexual dimorphism in floral scent. *Proceedings of the*

参考文献

●第一章

1 Takahashi Y, Suyama Y, Matsuki Y, Funayama R, Nakayama K & Kawata M（2016）Lack of genetic variation prevents adaptation at the geographic range margin in a damselfly. *Molecular Ecology*, **25**, 4450-4460.

2 Hoso M, Kameda Y, Wu SP, Asami T, Kato M & Hori M（2010）A speciation gene for left-right reversal in snails results in anti-predator adaptation. *Nature Communications*, **1**, 133.

3 Hoso M（2012）Non-adaptive speciation of snails by left-right reversal is facilitated on oceanic islands. *Contributions to Zoology*, **81**, 79-85.

4 Hendry AP & Taylor EB（2004）How much of the variation in adaptive divergence can be explained by gene flow? An evaluation using lake-stream stickleback pairs. *Evolution*, **58**, 2319-2331.

5 Hendry AP, Hendry AS & Hendry CA（2013）Hendry Vineyard stickleback: Testing for contemporary lake-stream divergence. *Evolutionary Ecology Research*, **15**, 343-359.

6 Stuart YE, Campbell TS, Hohenlohe PA, Reynolds RG, Revell LJ & Losos JB（2014）Rapid evolution of a native species following invasion by a congener. *Science*, **346**, 463-466.

7 松本俊吉『進化という謎』春秋社、2014年。

●第二章

1 Noriyuki S, Matsumoto T & Nishida T（2010）Phylogenetic analysis of *Ypthima multistriata*（Lepidoptera: Satyridae）showing nonclinal geographic variation in voltinism. *Annals of the Entomological Society of America*, **103**, 716-722.

2 Noriyuki S, Akiyama K & Nishida T（2011）Life-history traits related to diapause in univoltine and bivoltine populations of *Ypthima multistriata*（Lepidoptera: Satyridae）inhabiting similar latitudes. *Entomological Science*, **14**, 254-261.

3 Noriyuki S, Kishi S & Nishida T（2010）Seasonal variation of egg size and shape in *Ypthima multistriata*（Lepidoptera: Satyridae）in relation to maternal body size as a morphological constraint. *Annals of the Entomological Society of America*, **103**, 580-584.

4 Calder WA（1979）The kiwi and egg design: evolution as a package deal. *Bioscience*, **29**, 461-467.

鈴木紀之（すずき・のりゆき）

1984年神奈川県横浜市生まれ．2007年京都大学農学部資源生物科学科卒業，12年京都大学大学院農学研究科応用生物科学専攻博士課程修了（農学博士）．09年ウガンダのマケレレ大学に短期留学．日本学術振興会特別研究員（東北大学東北アジア研究センター），宮城学院女子大学非常勤講師，立正大学地球環境科学部環境システム学科助教などを経て，16年2月より，米カリフォルニア大学バークレー校環境科学政策マネジメント研究科に日本学術振興会海外特別研究員として在籍．専門は進化生態学，昆虫学．

すごい進化《しんか》
中公新書 2433

2017年5月25日発行

定価はカバーに表示してあります．
落丁本・乱丁本はお手数ですが小社販売部宛にお送りください．送料小社負担にてお取り替えいたします．

著　者　鈴木紀之
発行者　大橋善光

本文印刷　三晃印刷
カバー印刷　大熊整美堂
製　　本　小泉製本

発行所　中央公論新社
〒100-8152
東京都千代田区大手町 1-7-1
電話　販売 03-5299-1730
　　　編集 03-5299-1830
URL http://www.chuko.co.jp/

Published by CHUOKORON-SHINSHA, INC.
Printed in Japan　ISBN978-4-12-102433-6 C1245

中公新書刊行のことば

いまからちょうど五世紀まえ、グーテンベルクが近代印刷術を発明したとき、書物の大量生産は潜在的可能性を獲得し、いまからちょうど一世紀まえ、世界のおもな文明国で義務教育制度が採用されたとき、書物の大量需要の潜在性が形成された。この二つの潜在性がはげしく現実化したのが現代である。

いまや、書物によって視野を拡大し、変りゆく世界に豊かに対応しようとする強い要求を私たちは抑えることができない。この要求にこたえる義務を、今日の書物は背負っている。だが、その義務は、たんに専門的知識の通俗化をはかることによって果たされるものでもなく、通俗的好奇心にうったえて、いたずらに発行部数の巨大さを誇ることによって果たされるものでもない。現代を真摯に生きようとする読者に、真に知るに価いする知識だけを選びだして提供すること、これが中公新書の最大の目標である。

私たちは、知識として錯覚しているものによってしばしば動かされ、裏切られる。私たちは、作為によってあたえられた知識のうえに生きることがあまりに多く、ゆるぎない事実を通して思索することがあまりにすくない。中公新書が、その一貫した特色として自らに課すものは、この事実のみの持つ無条件の説得力を発揮させることである。現代にあらたな意味を投げかけるべく待機している過去の歴史的事実もまた、中公新書によって数多く発掘されるであろう。

中公新書は、現代を自らの眼で見つめようとする、逞しい知的な読者の活力となることを欲している。

一九六二年一一月

科学・技術

1843 科学者という仕事 酒井邦嘉
2375 科学という考え方 酒井邦嘉
2373 研究不正 黒木登志夫
1912 数学する精神 加藤文元
2007 物語 数学の歴史 加藤文元
2085 ガロア 加藤文元
1690 科学史年表（増補版） 小山慶太
2204 科学史人物事典 小山慶太
2280 入門 現代物理学 小山慶太
2354 力学入門 長谷川律雄
2271 NASA―宇宙開発の60年 佐藤 靖
2352 宇宙飛行士という仕事 柳川孝二
1856 カラー版 宇宙を読む 谷口義明
2089 カラー版 小惑星探査機はやぶさ 川口淳一郎
1566 月をめざした二人の科学者 的川泰宣

2239 ガリレオ―望遠鏡が発見した宇宙 伊藤和行
2398 2399 2400 地球の歴史（上中下） 鎌田浩毅
2340 気象庁物語 古川武彦
1948 電車の運転 宇田賢吉
2384 ビッグデータと人工知能 西垣 通
2178 重金属のはなし 渡邉 泉

中公新書

医学・医療

q1

中公新書

環境・福祉

中公新書

自然・生物

s1

2305 生物多様性　本川達雄
503 生命を捉えなおす（増補版）　清水　博
1097 生命世界の非対称性　黒田玲子
2414 入門！進化生物学　小原嘉明
1925 酸素のはなし　三村芳和
1972 心の脳科学　坂井克之
1647 言語の脳科学　酒井邦嘉
2390 ヒト―異端のサルの1億年　島　泰三
1855 戦う動物園　小菅正夫・岩野俊郎著　島　泰三編
1709 親指はなぜ太いのか　島　泰三
1087 ゾウの時間　ネズミの時間　本川達雄
2419 ウニはすごい　バッタもすごい　本川達雄
1953 サンゴとサンゴ礁のはなし　本川達雄
877 カラスはどれほど賢いか　唐沢孝一
1860 昆虫―驚異の微小脳　水波　誠

1238 日本の樹木　辻井達一
2259 カラー版　スキマの植物図鑑　塚谷裕一
2311 カラー版　スキマの植物の世界　塚谷裕一
1706 ふしぎの植物学　田中　修
1890 雑草のはなし　田中　修
2174 植物はすごい　田中　修
2328 植物はすごい　七不思議篇　田中　修
2316 カラー版　新大陸が生んだ食物　高野　潤
1769 苔の話　秋山弘之
939 発酵　小泉武夫
2408 醬油・味噌・酢はすごい　小泉武夫
1922 地震の日本史（増補版）　寒川　旭
1961 地震と防災　武村雅之
2433 すごい進化　鈴木紀之

中公新書

地域・文化・紀行　t1

560 文化人類学入門（増補改訂版） 祖父江孝男
741 文化人類学15の理論 綾部恒雄編
2315 南方熊楠《みなかたくまぐす》 唐澤太輔
2367 食の人類史 佐藤洋一郎
92 肉食の思想 鯖田豊之
2129 カラー版 地図と愉しむ東京歴史散歩 竹内正浩
2170 カラー版 地図と愉しむ東京歴史散歩 都心の謎篇 竹内正浩
2227 カラー版 地図と愉しむ東京歴史散歩 地形篇 竹内正浩
2346 カラー版 地図と愉しむ東京歴史散歩 お屋敷のすべて篇 竹内正浩
2403 カラー版 地図と愉しむ東京歴史散歩 地下の秘密篇 竹内正浩
2335 カラー版 東京鉄道遺産100選 内田宗治
2012 カラー版 マチュピチュ―天空の聖殿 高野潤
2327 カラー版 イースター島を行く―モアイの謎と未踏の聖地 野村哲也
2092 カラー版 パタゴニアを行く 野村哲也
2182 カラー版 世界の四大花園を行く―砂漠が生み出す奇跡 野村哲也
1869 カラー版 将棋駒の世界 増山雅人
2117 物語 食の文化 北岡正三郎
415 ワインの世界史 古賀守
1835 バーのある人生 枝川公一
596 茶の世界史 角山栄
1930 ジャガイモの世界史 伊藤章治
2088 チョコレートの世界史 武田尚子
2361 トウガラシの世界史 山本紀夫
2229 真珠の世界史 山田篤美
1095 コーヒーが廻り世界史が廻る 臼井隆一郎
1974 毒と薬の世界史 船山信次
2391 競馬の世界史 本村凌二
650 風景学入門 中村良夫
2344 水中考古学 井上たかひこ